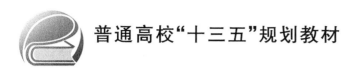

普通高校"十三五"规划教材

CATIA 软件建模与 CAA 二次开发

胡毕富　吴约旺　编著

U0245758

北京航空航天大学出版社

内 容 简 介

本书内容涵盖了 CATIA 软件几何建模所涉及的基础理论和 CATIA 软件的草图设计、零件设计、曲面设计及装配设计及工程图设计模块。在掌握 CATIA 软件操作的基础上,介绍 CATIA CAA 二次开发过程,讲解了 CATIA 二次开发的基础知识和基本资源的开发,还详细介绍了 CATIA 常见工作台二次开发的基本概念、原理和方法,内容包括交互设计、零件设计、装配设计和工程图设计等。同时,利用实例的方式,将有关章节串联起来,以加强读者对 CATIA 二次开发的认识,并建立起查找新接口和解决新问题的能力。

本书可以作为机械产品设计人员和 CAD 软件开发人员学习 CATIA 的自学教材和参考书,也可作为大、中专院校学生学习的三维 CAD 软件建模等课程的教材。

图书在版编目(CIP)数据

CATIA 软件建模与 CAA 二次开发 / 胡毕富,吴约旺编著. -- 北京:北京航空航天大学出版社,2018.4
ISBN 978 - 7 - 5124 - 2705 - 1

Ⅰ. ①C… Ⅱ. ①胡… ②吴… Ⅲ. ①机械设计—计算机辅助设计—应用软件 Ⅳ. ①TH122

中国版本图书馆 CIP 数据核字(2018)第 090657 号

CATIA 软件建模与
CAA 二次开发

胡毕富 吴约旺 编著

责任编辑 金友泉

*

北京航空航天大学出版社出版发行

北京市海淀区学院路 37 号(邮编 100191) http://www.buaapress.com.cn
发行部电话:(010)82317024 传真:(010)82328026
读者信箱:goodtextbook@126.com 邮购电话:(010)82316936
北京九州迅驰传媒文化有限公司印装 各地书店经销

*

开本:787×1 092 1/16 印张:11.5 字数:294 千字
2018 年 5 月第 1 版 2025 年 1 月第 3 次印刷 印数:3 001~3 500 册
ISBN 978 - 7 - 5124 - 2705 - 1 定价:58.00 元

前　言

CATIA 全称是计算机辅助三维交互应用程序(Computer Aided Tri-Dimensional Interface Application),是法国达索公司(DassaultSystem)的 CAD/CAE/CAM 一体化系统,在行业里占有重要的地位。CATIA 源于航空工业,广泛应用于航空、汽车制造、造船工业、机械制造、电子/电器和消费品等行业。其强大的解决方案覆盖几乎所有产品设计与制造领域,并能够满足各类企业的需要。随着在各行业的广泛应用,CATIA 软件已能适用于各个行业的各种产品设计的需要,有很强的通用性,由此造成了 CATIA 软件针对性不强,设计效率不高的问题。例如,在汽车焊装设计中,对于成百上千个焊点处理,利用通用的功能来处理将会导致设计的重复烦琐,效率低下。

二次开发是实现对软件的用户化和专业化的有效手段,可以更好地为用户服务,对充分发挥 CATIA 软件的使用效率具有十分重要的作用。随着计算机集成制造技术的应用,利用二次开发技术,以 CATIA 为平台,开发专用的设计模块,实现软件客户化定制,将有效提高设计的自动化程度,从而提高工作效率。

全书分共 14 章节。章节内容安排如下:

第一篇为基础篇:主要介绍 CATIA 软件建模操作。

第 1 章,主要介绍 CAD/CAM 技术、曲线曲面基础和 CATIA 软件介绍。

第 2~6 章,分别介绍了草图设计、零件设计、曲面设计、装配设计和工程图设计;并介绍各个模块的命令,通过设计实例介绍各个模块的设计过程。

第二篇为 CAA 二次开发篇:主要介绍 CATIA CAA 二次开发。

第 7 章为 CAA 二次开发的基础知识:主要介绍 CATIA CAA 开发方式及其帮助文档查看。

第 8 章为基本资源开发:各种基本资源的创建。

第 9 章为交互设计:介绍 CAA 交互机制。

第 10~12 章,分别介绍零件设计和装配设计、工程图设计中各个模块的 CAA 开发过程。

第 13 章为开发实例:利用实例的方式,综合各个模块的 CAA 开发。

第 14 章为实用功能:提供一些实用的功能,帮助读者丰富开发过程。

本书特色:CATIA 二次开发是基于熟悉 CATIA 软件操作上进行的,而如何快速入门开发是一个较大的挑战。与 UG 二次开发相比,CATIA 二次开发的教程比较少,基于 CAA 的 CATIA 二次开发难度较大,目前国内没有看到出版的相关书籍。CATIA CAA 开发入门均需要通过 CATIA CAA 开发自带的百科全书帮助文档学习,尽管百科全书非常系统且比较全面,但对初学者来说,很难去摸清开发思路。

本书首先讲解 CATIA 软件用到的基础理论,然后介绍 CATIA 软件的基本建模功能模块,在掌握 CATIA 软件操作的基础上,介绍 CATIA CAA 二次开发过程。熟练掌握 CATIA 软件的各个命令是 CATIA 二次开发的基础,CATIA CAA 相关的 API 函数与各个命令紧密结合在一起,可以通过各个命令找到到相关的 API 函数,对此针对中文版的 CATIA,本书对建模模块的命令提供了对应的英文对照,并讲解各个命令功能。

编　者
2018 年 2 月

目　　录

第一篇　基础篇

第二篇 CAA 二次开发篇

第一篇 基础篇

第1章 绪 论

1.1 CAD/CAM 技术

CAD/CAM 技术是一门基于计算机技术、计算机图形学而发展起来的并与专业领域技术相结合的具有多学科综合的技术。主要包括计算机辅助设计(CAD)、计算机辅助工程分析(CAE)、计算机辅助工艺过程设计(CAPP)、计算机辅助制造(CAM)等一系列技术。此外,还包括在产品设计中需要考虑下游的制造、装配、检测和维修等各个方面的技术。

计算机辅助设计(Computer Aided Design,CAD)是指在计算机硬件和软件的支撑下,通过对产品的描述、造型、系统分析、优化、仿真和图形化处理的研究与应用,使计算机辅助工程技术人员完成产品的全部设计过程的一种现代设计技术。一般认为,CAD 系统的功能包括:概念设计、结构设计、装配设计、复杂曲面设计、工程图绘制、工程分析、真实感渲染和数据交换等。

计算机辅助工程分析(Computer Aided Engineering,CAE)是指一系列对产品设计进行各种模拟、仿真、分析和优化的技术,是一种计算机辅助求解复杂工程和产品结构强度、弹塑性等力学性能的分析计算。主要包括有限元分析、运动学分析、动力学分析、流体力学分析和优化设计分析等内容。

计算机辅助制造(Computer Aided Manufacturing,CAM)是指应用计算机来进行产品制造的统称,有广义和狭义两种定义。

狭义 CAM 是指根据零件信息及其生产步骤产生数控加工程序的全过程,即计算机辅助数控加工程序编制,包括刀具路径规划、刀位文件生成、刀具轨迹仿真以及 NC 代码生成等。输入信息是零件几何信息、加工工艺路线和工序内容;输出信息是刀具的运动轨迹即刀位文件和数控/机代码(NC 代码)。

广义 CAM 是指计算机辅助的从毛坯到产品的整个加工过程的直接和间接的活动,包括工艺准备(计算机辅助工艺设计、计算机辅助工装设计与制造、NC 自动编程等)、生产作业计划、物料作业计划的运行控制、生产控制和质量控制等。

1.2　曲线曲面基础

曲线曲面设计是三维建模中的高级技术。要熟练掌握三维建模软件高级功能,有必要了解一些曲线和曲面的基本理论,原因如下:

① 可以帮助理解三维建模软件中曲线曲面设计过程中相关选项的意义,以便正确选择使用。

② 可以帮助处理在曲线曲面设计中遇到的一些问题。

在本节中主要介绍三维建模软件所涉及的相关曲线曲面的基础。

1.2.1　边界表示法

几何形状的描述方法有线框模型、曲面模型、实体模型。

线框模型通过点和线来表示三维几何模型;曲面模型通过点、线和面表示几何模型;实体模型通过点、线、面、体来表示几何模型。

曲面模型可以不封闭,几个曲面之间可以不相交,可以有缝隙和重叠。可以把曲面看作是极薄的"薄壁特征",没有厚度。

实体模型是封闭的,没有缝隙和重叠边;实体模型所包含的信息是完备的,可以知道哪些空间位于实体"内部",哪些位于实体"外部",而曲面模型则缺乏这种信息完备性。

当把多个曲面结合在一起,使得曲面的边界重合且没有缝隙后,可以把结合的曲面进行"填充",将曲面转化成实体。图 1-1 所示为物体的边界表示法。

在实体模型中常采用边界表示法(B-Rep)来描述形体,而边界表示法是三维物体通过描述其边界的表示方法。在边界表示法中,描述物体的信息包含几何信息和拓扑信息。几何信息是指具有几何意义的点、线、面等的位置坐标、长度、面积等的数据值或度量值。拓扑信息是物体上所有顶点、棱边、表面之间的连接关系。

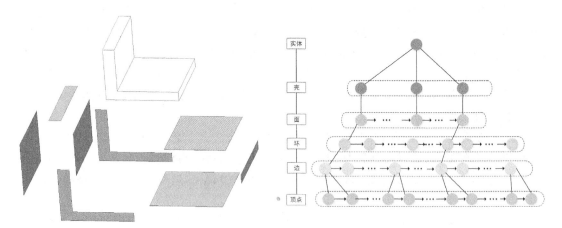

图 1-1　物体的边界表示法

形体由壳组成,壳由封闭的面组成,面是由封闭的环组成,环由一组相邻的边组成,边由点确定。体、壳、面、环、边、顶点的具体描述是:

体：封闭表面围成的有效空间。

壳：构成一个完整实体的封闭边界是形成封闭的单一连通空间的一组面的组合。一个连通的物体有一个外壳和若干个内壳构成。

面：一个外环和若干内环界定有界、不连通表面。

环：环是面的封闭边界，是由有序、有向边的组合。环不能自交，且有内外之分。外环是确定面的最大边界的环，内环是确定面中孔或凸台边界的环。

边：邻面的交界，一条边有且仅有两相邻面。

顶点：顶点是边的端点，不能孤立存在。

1.2.2　曲线曲面的计算机表示

三维建模软件的基本理论依据计算机辅助几何设计学科。计算机辅助几何设计(Computer Aided Geometric Design,CAGD)是涉及数学和计算机科学的一门新兴的边缘学科,它研究的内容是计算机中曲线曲面的数学表达,主要侧重于计算机设计和制造(CAD/CAM)的数学理论和几何体的构造方面。虽然 CAGD 所用的很多理论工具可以溯源到百年以前,但是具备一门新学科的雏形却是 20 世纪 60 年代末的事情,这主要得益于计算机的高速数据运算和强大的图形功能。CAGD 所用的理论工具涉及数学中的很多分支,如逼近、微分几何、计算数学、代数几何和交换代数等,同时还与计算机图形学有紧密的联系。随着 CAGD 理论和应用的不断发展,从飞机、船舶、汽车设计到工程器件模具设计,到生物医学图像处理等都能看到其广泛的应用。

在几何造型中,常用的曲线、曲面表示方法有以下两种:

1. 隐式表示

曲线的隐式表达为 $f(x,y)=0$,曲面的隐式表达为 $f(x,y,z)=0$。显然,这里各个坐标之间的关系并不十分直观。如在曲线的隐式表达中确定其中一个坐标(如 x)的值并不一定能轻易地得到另外一个(如 y)的值。

2. 参数表示

曲线的参数表示为 $\{x=f(t),y=g(t)\}$,曲面的参数表达为 $\{x=f(u,v);y=g(u,v);z=h(u,v)\}$。虽然,这里各个坐标变量之间的关系更不明显,它们是通过一个(t)或几个(u,v)中间变量来间接地确定其间的关系。这些中间变量称为参数,它们的取值范围称为参数域。

(1) 曲 线

空间一点的位置矢量有三个坐标分量,而空间曲线是空间点运动的轨迹,也就是空间矢量端点运动形成的矢端曲线,其矢量方程为

$$\vec{r}=\vec{r}(t)=\{x(t),y(t),z(t)\} \tag{1-1}$$

此式又称为单参数 t 的矢函数。

它的参数方程为

$$\begin{cases} x=x(t) \\ y=y(t), \quad t\in[t_0,t_n] \\ z=z(t) \end{cases} \tag{1-2}$$

① 曲线曲率的定义及其几何意义　微分学中,平面曲线在一点的曲率等于切线方向对于弧长的导数,即

$$k = \lim_{\Delta s \to 0} \left| \frac{\Delta \theta}{\Delta s} \right|$$

微分几何中,曲线在一点的曲率为

$$k = \left| \dot{\vec{T}} \right| = \left| \frac{\mathrm{d}\vec{T}}{\mathrm{d}s} \right| = \lim_{\Delta s \to 0} \left| \frac{\Delta \vec{T}}{\Delta s} \right| = \lim_{\Delta s \to 0} \left| \frac{\Delta \vec{T}}{\Delta \theta} \right| \left| \frac{\Delta \theta}{\Delta s} \right|$$

分析上式,由于 $\vec{T}(s)$ 和 $\vec{T}(s+\Delta s)$ 是单位矢量(见图 1-2),所以 $\lim\limits_{\Delta s \to 0} \left| \dfrac{\Delta \vec{T}}{\Delta \theta} \right| = 1$,进而可得

$$k = \lim_{\Delta s \to 0} \left| \frac{\Delta \theta}{\Delta s} \right| = \left| \frac{\mathrm{d}\theta}{\mathrm{d}s} \right|$$

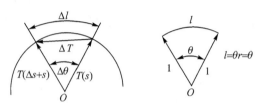

图 1-2　曲线的曲率

因此,曲率的几何意义是表示曲线的弯曲情况,曲率越大,弯曲程度越厉害。如图 1-3 所示,在 Δs 不变的情况下,θ 越大,k 越大,切线方向对于弧长的转动越"快"。

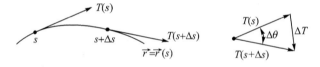

图 1-3　曲率的几何意义

② 曲率的计算公式　对于曲线方程 $\vec{r} = \vec{r}(t)$,曲率的计算公式为

$$k = \frac{\vec{r}'(t) \times \vec{r}''(t)}{\left| \vec{r}'(t) \right|^3} \tag{1-3}$$

(2) 曲　面

设曲面的矢量方程为

$$\vec{r} = \vec{r}(u,w) = [x(u,w), y(u,w), z(u,w)] \quad 0 \leqslant u, w \leqslant 1 \tag{1-4}$$

取 $u = u_i$(常数),曲线方程可以写为

$$\vec{r} = \vec{r}(u_i, w) = [x(u_i, w), y(u_i, w), z(u_i, w)]$$

这是曲面上的一条曲线,称为 w 线,又称为等 u 线。

取 $w = w_j$(常数),曲线方程可以写为

$$\vec{r} = \vec{r}(u, w_j) = [x(u, w_j), y(u, w_j), z(u, w_j)]$$

这是曲面上的一条曲线,称为 u 线,又称为等 w 线。

u 线和 w 线统称为参数曲线,如图 1-4 所示,其特点是:

① $0 \leqslant u, w \leqslant 1$;

② 在 u 线上，w 是常数；在 w 线上，u 是常数；

③ u 线和 w 线组成的坐标网格的夹角不一定为直角；

④ u 线和 w 线组成空间的网格，可以用来构成曲面。

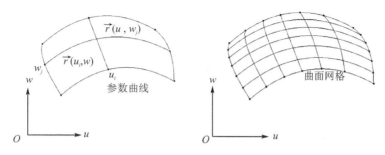

图 1-4 曲面上的参数曲线及其形成的网格

（3）Bézier 曲线和曲面

① Bézier 曲线 Bézier 曲线（见图 1-5）是由特征多边形的顶点位置矢量 $\vec{V}_i$ 和伯恩斯坦基函数的线性组合得到的，即

$$\vec{r}(u) = \sum_{i=0}^{n} J_{n,i}(u) \vec{V}_i \quad (0 \leqslant u \leqslant 1) \tag{1-5}$$

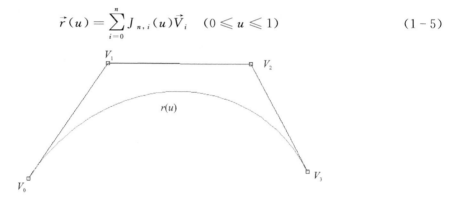

图 1-5 Bezier 曲线

式中，$J_{n,i}(u)$ 称为伯恩斯坦基函数，其表达式为

$$J_{n,i}(u) = C_n^i u^i (1-u)^{n-i} \quad (i = 0, 1, \cdots, n) \tag{1-6}$$

式中，$C_n^i = \dfrac{n!}{i!\,(n-i)!}$。

② Bézier 曲面 若给定 $(n+1) \times (m+1)$ 个网格顶点的位置矢量 V_{ij}（$i = 0, 1, \cdots, n$；$j = 0, 1, \cdots, m$），构成顶点信息阵

$$V = \begin{bmatrix} V_{00} & V_{01} & \cdots\cdots & V_{0m} \\ V_{10} & V_{11} & \cdots\cdots & V_{1m} \\ \cdots\cdots & \cdots\cdots & \cdots\cdots & \cdots\cdots \\ V_{n0} & V_{n1} & \cdots\cdots & V_{nm} \end{bmatrix}$$

则所定义的 $(n+1) \times (m+1)$ 阶 Bézier 曲面方程为

$$r(u,w) = \begin{bmatrix} J_{3,0}(u) & J_{3,1}(u) & \cdots\cdots & J_{n,n}(u) \end{bmatrix} V \begin{bmatrix} J_{3,0}(w) \\ J_{3,1}(w) \\ \vdots \\ \vdots \\ J_{m,m}(w) \end{bmatrix}$$

$$= \sum_{i=0}^{n} \sum_{j=0}^{m} J_{n,i}(u) J_{m,j}(w) V_{ij} \quad (0 \leqslant w, u \leqslant 1) \tag{1-7}$$

Bézier 曲面如图 1-6 所示。

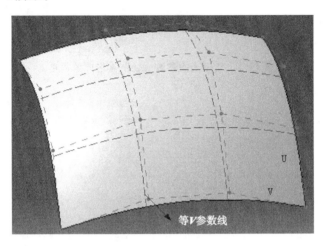

等V参数线

图 1-6　Bézier 曲面

（4）B 样条曲线与曲面

B 样条的概念是由舍恩伯格（Schoenberg）于 20 世纪 40 年代提出的。数学家对 B 样条基函数进行了深入研究，使 B 样条曲线与曲面具备了坚实的理论基础。1972 年德布尔（de Boor）和考克斯（Cox）分别独立地给出了关于 B 样条计算的标准算法，1972—1976 年，戈登（Gordon）与里森费尔德（Riesenfeld）推广了 Bézier 曲线，改用 B 样条基函数代替 Bézier 曲线的伯恩斯坦基函数，用这种方法构造的曲线、曲面称为 B 样条曲线、曲面。

由于 B 样条基具有良好的性质，因此 B 样条曲线与曲面也具有良好的性质。它继承了 Bézier 曲线的直观性等优良属性，又克服了 Bézier 方法的不足之处，B 样条曲线与特征多边形相当接近，便于局部修改。

B 样条曲线的定义为

$$r(u) = \sum_{i=0}^{n} N_{i,p}(u) V_i \quad (0 \leqslant u \leqslant 1) \tag{1-8}$$

式中，$N_{i,p}(u)$ 为 B 样条基函数，V_i 为控制顶点。

B 样条曲线如图 1-7 所示。

B 样条曲面方程为

$$r(u,w) = \sum_{k=0}^{n-1} \sum_{l=0}^{m-1} N_{k,n}(u) N_{l,m}(w) V_{k,l} \quad (0 \leqslant w, u \leqslant 1) \tag{1-9}$$

（5）有理 B 样条曲线与曲面

前面介绍的各种曲线与曲面造型方法中，解析法适用于精确表达基本二次曲线曲面，参数

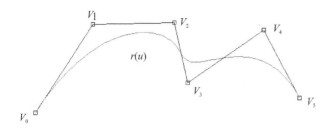

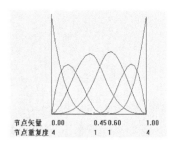

(a)控制顶点与曲线　　　　　　　　(b)节点矢量与基函数

图 1 - 7　B样条曲线

多项式法适用于表达自由型曲线曲面。本节将介绍有理 B 样条方法,即非均匀有理 B 样条方法(Non - Uniform Rational B - Spline,NURBS),该方法可以用统一的方式表达自由型曲线曲面和解析曲线曲面。非均匀有理 B 样条方法可精确表示二次曲线(圆、圆锥曲线)和二次曲面,使用 Béezier 方法、B 样条方法都不能精确地表示这些二次曲线和曲面。

①　有理 B 样条曲线的表达式

$$r(u) = \frac{\sum_{i=0}^{n} w_i N_{i,p}(u) V_i}{\sum_{i=0}^{n} w_i N_{i,p}(u)} \quad (0 \leqslant u \leqslant 1) \tag{1-10}$$

式中,w_i 为权因子,V_i 为控制顶点,$N_{i,p}(u)$ 为 p 次规范 B 样条基函数。当 w_i 都为 1 时,式(1-10)的分母为 1,即为非有理 B 样条曲线,如图 1-8 所示。

图 1 - 8　CATIA 软件中的 NURBS 曲线

在 CATIA 软件中,几何分析对话框"部件阶次"是指曲线的阶数,曲线阶数为曲线的次数加 1;"部件数"是指曲线根据节点矢量将曲线分割的段数,在图中 NURBS 的"部件数"为 3,即 NURBS 曲线内部分割节点有两个。与图 1-7 中 B 样条类似,图 1-7(b)可以看出 B 样条曲线的内部存在两个不同的节点 0.45 和 0.6,这样 B 样条曲线被分割为:0 到 0.45、0.45 到 0.6、0.6 到 1.0 三段曲线。在 CATIA 软件的自由曲面模块中命令 ▓(Fragmentation,分裂)就是按照曲线的节点参数将"部件数"大于 1 的曲线打断为多条曲线段,打断后的曲线段内部不存在节点,即"部件数"为 1。

②　有理 B 样条曲面的表达式

$$r(u,w) = \frac{\sum\limits_{i=0}^{n}\sum\limits_{j=0}^{m} w_{ij} N_{i,p}(u) N_{j,l}(w) V_{ij}}{\sum\limits_{i=0}^{n}\sum\limits_{j=0}^{m} w_{ij} N_{i,p}(u) N_{j,l}(w)} \quad (0 \leqslant w,u \leqslant 1) \qquad (1-11)$$

式中，w_{ij} 为权因子，V_{ij} 为控制顶点，$N_{i,p}(u)$ 为 p 次规范 B 样条基函数，$N_{i,l}(w)$ 为 l 次规范 B 样条基函数。当 w_i 都为 1 时，式(1-11)的分母为 1，即为非有理 B 样条曲面，在 CATIA 软件中称为非均匀多项式 B 样条(NUPBS)。

1.2.3 几何连续与参数连续

一条复杂曲线通常由多段曲线组合而成，这需要解决曲线段之间如何实现光滑连接的问题。

曲线间连接的光滑度的度量有两种：一种是函数的可微性，把组合参数曲线构造成在连接处具有直到 n 阶连续导矢，即 n 阶连续可微，这类光滑度称为 C^n 或 n 阶参数连续性。另一种称为几何连续性，组合曲线在连接处满足不同于 C^n 的某一组约束条件，称为具有 n 阶几何连续性，简记为 G^n。曲线光滑度的两种度量方法并不矛盾，C^n 连续包含在 G^n 连续之中。下面讨论两条曲线的连续性问题。如图 1-9 所示，对于两条曲线 $\vec{r}_0(t)$ 和 $\vec{r}_1(t)$，参数 $t \in [0,1]$。

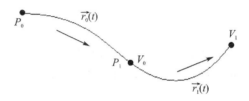

图 1-9 两条曲线的连续性

若要求在结合处达到 G^0 连续或 C^0 连续，即两曲线在结合处位置连续，即

$$\vec{r}_0(1) = \vec{r}_1(0) \qquad (1-12)$$

若要求在结合处达到 G^1 连续，就是说两条曲线在结合处在满足 G^0 连续的条件下，并有公共的切矢，即

$$\vec{r}_1'(0) = a\vec{r}_0'(1) \quad \alpha > 0 \qquad (1-13)$$

当 $a=1$ 时，G^1 连续就成为 C^1 连续。

若要求在结合处达到 G^2 连续，就是说两条曲线在结合处在满足 G^1 连续的条件下，并有公共的曲率矢，即

$$\frac{\vec{r}_0'(1) \times \vec{r}_0''(1)}{|\vec{r}_0'(1)|^3} = \frac{\vec{r}_1'(0) \times \vec{r}_1''(0)}{|\vec{r}_1'(0)|^3} \qquad (1-14)$$

代入式(1-13)得

$$\vec{r}_0'(1) \times \vec{r}_1''(0) = a^2 \vec{r}_0'(1) \times \vec{r}_0''(1) \qquad (1-15)$$

关系式(1-15)可表示为

$$\vec{r}_1''(0) = a^2 \vec{r}_0''(1) + \beta \vec{r}_0'(1) \qquad (1-16)$$

式中，β 为任意常数，当 $\alpha=1$，$\beta=0$ 时，G^2 连续就成为 C^2 连续。

C^1 连续保证 G^1 连续，C^2 连续能保证 G^2 连续，但反过来不行。也就是说，C^n 连续的条件比 G^n 连续的条件要苛刻。

1) G^0 连续

1. G^0 连续

① 一条曲线的一个端点与另一条曲线的一端点连接，则这两曲线在连接点处于 G^0 连续状态。

② 一张曲面的一边界与另一曲面的一边界重合，则这两曲面在连接边界处于 G^0 连续状态。

③ 如果两者间的连续性达不到 G^0，则称为 G^0 误差。该误差是个绝对误差，是以毫米或英寸为单位的一个距离值。

④ 在斑马线分析时，斑马线在连接处线和线之间不连续，通常是错开的。

2. G^1 连续

① 曲线与曲线在某一点处于 G^0 连续，且两曲线在该点的法线相同，在该点处的切线夹角为零时，则称这两条曲线在该点处 G^1 连续。

② 如果曲面与曲面在曲线的某一处于 G^0 连续，曲面 A 在曲线 a 的任意点的切矢和曲面 B 在曲线 b 的同一点的切矢相同，则称这两个曲面在该边界上 G^1 连续。

③ 如果两者间的连续性达不到 G^1，则称为 G^1 误差。该误差是个绝对误差，是以 deg（度）或 rad（弧度）为单位的一个角度值。

④ 在斑马线分析时，斑马线在相接处是相连的，但是从一个表面到另一个表面就会发生很大的变形，通常会在相接的地方产生尖锐的拐角。

3. G^2 连续

① 曲线与曲线在某一点处于 G^1 连续状态，如果两条曲线在该点处的曲率相同，则称这两条曲线在该点处于 G^2 连续。

② 当曲面 A 在曲线 a 上任意点与曲面 B 在曲线 b 上同一点处 G^1 连续，如果曲面 A 在曲线 a 上任意点的曲率和曲面 B 在曲线 b 的同一点的曲率相同，则称这两个曲面在该边界上 G^2 连续。

③ 如果两者间的连续性达不到 G^2 连续，则称为 G^2 误差。这个误差是个相对误差。

④ 在分析斑马线时，所显示的斑马线平滑和没有尖角。

4. G^3 连续

① 曲线与曲线在某一点处于 G^1 连续，并且 G^2 连续，如果两条曲线在该点处的曲率的变化率相同，则称这两条曲线在该点处于 G^3 连续。

② 当曲面 A 在曲线 a 上任意点与曲面 B 在曲线 b 上同一点处 G^2 连续，如果曲面 A 在曲线 a 上任意点的曲率变化率和曲面 B 在曲线 b 上同一点的曲率变化率相同，则称这两个曲面在该边界上 G^3 连续。

③ 如果两者间达不到 G^3 连续，则称为 G^3 误差。这个误差是绝对误差，是以 deg 或 rad 为单位的一个角度值。

④ G^3 曲率变化率连续：这种连续级别不仅具有上述连续级别的特征之外，在连点处曲率

的变化率也是连续的,这使得曲率的变化更加平滑。这种连续级别的表面有比 G^2 更流畅的视觉效果。但是由于需要用到高阶曲线或需要更多的曲线片断所以通常只用于汽车设计。

⑤ 在分析斑马线时,所显示的斑马线平滑和没有尖角。斑马线很难和 G^2 的区分开。

如图 1-10 至图 1-12 所示为曲线、曲面的不同连续情况。

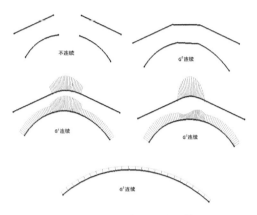

图 1-10　曲线的不同连续情况

如图 1-11 所示为曲面的不同连续情况。

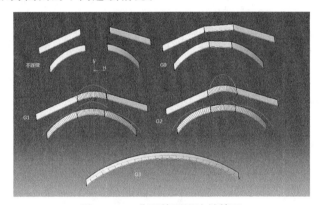

图 1-11　曲面的不同连续情况

如图 1-12 所示为曲面的不同连续情况的斑马线分析。

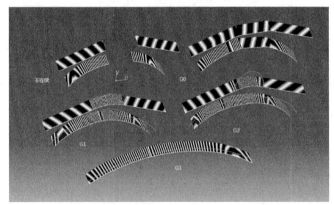

图 1-12　曲面的不同连续情况的斑马线分析

1.3 CATIA 介绍

1.3.1 概 述

CATIA(Computer Aided Tri-Dimensional Interface Application)是由法国达索系统(Dassault Systemes S. A)公司开发的,跨平台的商业三维 CAD 设计软件。CATIA 作为达索系统产品生命周期管理软件平台的核心,是其最重要的软件产品。作为 PLM 协同解决方案的一个重要组成部分,它可以帮助制造厂商设计未来的产品,并支持从项目前阶段、具体的设计、分析、模拟、组装到维护在内的全部工业设计流程。

模块化的 CATIA 系列产品旨在满足客户在产品开发活动中的需要,包括风格和外形设计、机械设计、设备与系统工程、管理数字样机、机械加工、分析和模拟。自 1999 年以来,市场上广泛采用数字样机流程,从而使之成为世界上最常用的产品开发系统。CATIA 系列产品已经在许多领域里成为首要的 3D 设计和模拟解决方案。

1.3.2 发展历史

20 世纪 70 年代,CATIA 诞生于达索航空内部的软件开发项目 CADAM。起初该软件被命名为 CATI(Conception Assistée Tridimensionnelle Interactive),但之后又与 1981 年被重命名为 CATIA(Computer Aided Three-dimensional Interactive Application)。同年,达索创立了专注于工程软件开发的子公司达索系统,并与 IBM 合作进行 CATIA 的营销与推广。

1984 年,美国波音飞机制造公司启用 CATIA 作为其主要 CAD 软件,并从此成为 CATIA 的重要用户。

1988 年,CATIA V3 版本开始在 UNIX 平台下运行。

1992 年,CADAM 被 IBM 公司收购,CATIA V4 版本发布。

1996 年,CATIA V4 版本开始支持四种操作系统,分别是 IBM AIX,Silicon Graphics IRIX, Sun Microsystems SunOS 以及 惠普 的 HP - UX。

1998 年,达索发布了一个重新编写的 CATIA 版本:V5 版本。这个版本为 Windows 编写,保留 CATIA 在 Unix 版本的所有功能,主框架(Mainframe)操作模式被废除。新的 V5 版本界面更加友好,功能也日趋强大,并且开创了 CAD/CAE/CAM 软件的一种全新风格。

2008 年,新一代 V6 版本发布。V6 整合包括 Enovia,Simulia 等一些列软件。同年,达索停止了对 CATIA V4 UNIX 版本的支持。

2013 年,发布了 V5 - 6 R2013 和 V6 R2014。

2014 年,发布了 V5 - 6 R2014 和 V6 R2014X。

2015 年,发布了 V5 - 6 R2015 和 V6 R2015X。

2016 年,发布了 V5 - 6 R2016 和 V6 R2016X。

2017 年,发布了 V5 - 6 R2017 和 V6 R2017X。

1.3.3 应用领域

1. 航空工业

CATIA 源于航空工业,被应用于开发虚拟的原型机,其中包括 Boeing 飞机公司(美国)的 Boeing 777 和 Boeing 737,Dassault 飞机公司(法国)的阵风(Rafale)战斗机、Bombardier 飞机公司(加拿大)的 Global Express 公务机、以及 Lockheed Martin 飞机公司(美国)的 Darkstar 无人驾驶侦察机。Boeing 飞机公司在 Boeing 777 项目中,应用 CATIA 设计了除发动机以外的 100 %的机械零件,并将包括发动机在内的 100 %的零件进行了预装配。Boeing 777 也是迄今为止唯一进行 100 %数字化设计和装配的大型喷气客机。参与 Boeing 777 项目的工程师、工装设计师、技师以及项目管理人员超过 1 700 人,分布于美国、日本、英国的不同地区。他们通过 1 400 套 CATIA 工作站联系在一起,进行并行工作。

2. 汽车工业

CATIA 是汽车工业的事实标准,是欧洲、北美和亚洲顶尖汽车制造商所用的核心系统。CATIA 在造型风格、车身及引擎设计等方面具有独特的长处,为各种车辆的设计和制造提供了端对端(end to end)的解决方案。CATIA 涉及产品、加工和人三个关键领域。CATIA 的可伸缩性和并行工程能力可显著缩短产品上市时间。

一级方程式赛车、跑车、轿车、卡车、商用车、有轨电车、地铁列车、高速列车,各种车辆在 CATIA 上都可以作为数字化产品,在数字化工厂内,通过数字化流程,进行数字化工程实施。CATIA 技术在汽车工业领域内是无人可及的,并且被各国的汽车零部件供应商所认可。从近来一些著名汽车制造商所做的采购决定,如 Renault、Toyota、Karman、Volvo、Chrysler 等,足以证明数字化车辆的发展动态。

3. 造船工业

CATIA 为造船工业提供了优秀的解决方案,包括专门的船体产品和船载设备、机械解决方案。船体设计解决方案已被应用于众多船舶制造企业,类似 General Dynamics,Meyer Weft 和 Delta Marin,涉及所有类型船舶的零件设计、制造、装配。船体的结构设计与定义是基于三维参数化模型的。参数化管理零件之间的相关性,相关零件的更改,可以影响船体的外形。船体设计解决方案与其他 CATIA 产品是完全集成的。传统的 CATIA 实体和曲面造型功能用于基本设计和船体光顺。Bath Iron Works 应用 GSM(创成式外形设计)作为参数化引擎,进行驱逐舰的概念设计和与其他船舶结构设计解决方案进行数据交换。

General Dynamic Electric Boat 和 Newport News Shipbuilding 使用 CATIA 设计和建造美国海军的新型弗吉尼亚级攻击潜艇。

中国广州的文冲船厂也对 CATIA 进行了成功地应用。使用 CATIA 进行三维设计,取代了传统的二维设计。

4. 建筑工程

在丰富经验的基础上,IBM 和 Dassault-Systems 为造船业、发电厂、加工厂和工程建筑公司开发了新一代的解决方案。包括管道、装备、结构和自动化文档。CCPlant 是这些行业中的第一个面向对象的知识工程技术的系统。

CCPlant 已被成功应用于 Chrysler 及其扩展企业。使用 CCPlant 和 Deneb 仿真对正在建设中的 Toledo 吉普工厂设计进行了修改。费用的节省已经很明显地体现出来,并且对将来企业的运作有着深远的影响。

Haden International 的涂装生产线主要应用于汽车和宇航工业。Haden International 应用 CATIA 设计其先进的涂装生产线,CCPlant 明显缩短了设计与安装的时间。Shell 使用 CCPlant 在鹿特丹工厂开发新的生产流程,鹿特丹工厂拥有二千万吨原油的年处理能力,可生产塑料、树脂、橡胶等多种复杂的化工产品。

1.3.4 CATIA 的主要功能和模块

1. CATIA 的主要模块

CATIA Mechanical Design 机械设计:提供了基于规则驱动的实体建模、混合建模以及钣金件设计,相关装配与集成化工程制图产品等。

CATIA Shape Design & Styling 外形设计与风格造型:提供了一系列易用的模块来生成、控制并修改结构及自由曲面物体。

CATIA Product Synthesis 综合产品:提供了最先进的高级电子样机检查及仿真功能;知识工程产品能帮助用户获取并重复使用本企业的经验,以优化整个产品生命周期。

CATIA Equipment & Systems Engineering 设备与系统工程:在产品设计过程中集成并交换电气产品的设计信息。

CATIA Analysis 分析:提供了容易使用,面向设计者的零件及其装配的应力与频率响应等分析。

CATIA NC Manufacturing 加工:提供面向车间的加工解决方案。

CATIA Plant 工厂设计:用户制造厂房设施的优化布置设计工作。

CATIA Infrastructure 基础结构:提供各类数据转换接口,与 CATIA V4 的集成帮助将 V4 与 V5 有效地组合成为一个集成的混合环境。

CATIA Web-based Learning 基于互联网的自学教程:通过 Companion 帮助用户自学 CATIA V5。

CATIA V5 Complementary products 附加产品。

CAA RADE:提供客户化及二次开发工具用于拓展企业的应用范围。

2. CATIA 的主要功能

(1)机械设计解决方案

从概念设计到详细设计,直至图纸输出,CATIA V5 机械设计解决方案提供了多个产品用于加快企业核心产品开发流程。

(2)外形与风格设计解决方案

CATIA V5 提供了一系列强大易用的工具用于创建、修改各类曲面产品,从自由曲面到结构曲面。机械设计师、曲面设计师以及造型师都能在产品中找到适合自己本职工作的相关模块;同时高质量的色彩渲染模块将给所有设计人员带来前所未有的直观享受。

(3)产品综合解决方案

这些产品提供了完整的设计协同检查等手段,而无论这些产品或模型有多大。通过它们才能够实现电子样机关联设计的完美环境。CATIA V 5 还提供了独一无二的获取企业知识与经验的动态环境,并能有效地在企业内共享这些知识。这使得用户创造产品的过程变得更有附加值并且更快更好,错误更少。

（4）设备与系统工程解决方案

CATIA V5 的设备与系统工程解决方案提供了多个 P2 平台产品,使得复杂的电气、管道与机械系统设计工作能在一个集成的基于电子样机的设计环境下进行。

（5）分析解决方案

通过 CATIA V5,可以很方便地实现对零件及其装配体的静态应力及模态分析。通过集成的前后处理器及解算器,提供了一个面向产品设计师而非分析专家的分析系统。

（6）加工解决方案

CATIA V5 在多年 CATIA V4 加工及 Euclid Machinist 的应用经验基础上,开发出简便易用的全新加工软件。它是基于独特的 Product 产品、Process 流程与 Resource 资源（PPR）基础,提供了贯穿于整个流程,从加工车间到设计的一体化解决方案。

（7）工厂设计解决方案

CATIA V5 提供了一个 P2 平台产品用于工厂设计,能方便地由 2D 布局生成 3D 数字化模型,大大减少了设计变更的时间。

第2章　草图设计

草图设计（Sketcher）是创建零件的第一步，是零件设计和曲面设计的基础。草图（Sketch）是建立二维图形最简单的一种形式。草图图形采用尺寸驱动，则草图中的尺寸是参数化设计的基础。草图必须依附一个空间平面，称草图平面。草图设计就是在草图平面上定义二维图形、约束等。

2.1　草图工作平台

进入草图工作平台的步骤如下：

打开 CATIA 后，选择【开始】|【机械设计】|【草图编辑器】命令，如图 2-1 所示。

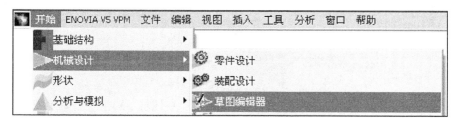

图 2-1　草图设计模块的进入

上述方法等同于直接从【开始】菜单中单击【零件设计】命令，再单击草图编辑器⬜按钮。

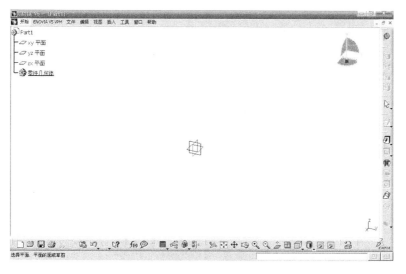

图 2-2　零件设计中的草图模块的进入

2.2 草图设计功能介绍

草图是一个二维工作环境,需选择一个基准平面作为草图所在的平面,接着才能进入草图工作平面。而基准面除了特征树中的 xy、yz、zx 三个坐标基准平面以外,还可以使用平面或实体上任何一个平面。

单击任一基准面后,立即进入草图的工作平面,如图 2-3 所示。若仍未进入草图工作平面,可能是还没有单击 ⬚ 按钮(Sketch)。

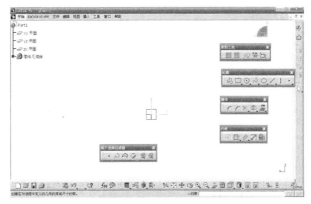

图 2-3 草图设计模块

进入草图平面后,即可以直接在草图工作平面上绘制草图(此草图在特征树中以草图.1 表示,用户也可自己命名,如图 2-4 所示。

当进入草图工作平面后,先认识工作平台,了解其基本操作。为了保证工具栏布局的一致性,可按照如下步骤重置工具栏到默认位置:

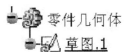

图 2-4 零件特征树上的草图

① 在菜单栏内选择【工具】|【自定义…】以显示自定义对话框,如图 2-5 所示。

② 在"工具栏"里面选择"恢复所有内容",然后选择"恢复位置",再单击"关闭"。

③ 经上述对话后会弹出一个对话框询问你是否确认重置工具栏的位置,单击"确定"确认。

此时工具栏就出现如图 2-6 所示的命令重新排列对话框。

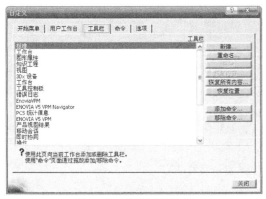

图 2-5 自定义对话框

图 2-6 草图设计模块的命令重新排列

1. 单选元素

① 单击鼠标左键。

② 选取目标元素,例如图2-7中选取矩形的一边。

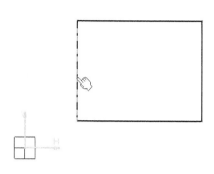

2. 多选元素

① 单击鼠标左键。

② 选择第一个元素。

③ 按住Ctrl键,并保持按住,同时去选择其他需要多选的元素。

或者

① 按住鼠标左键。

② 拖拽鼠标包揽需要选择元素。

③ 松开左键。

图2-7 单选示意图

目标元素将会被选中。

3. 鼠标的快捷操作

在CATIA中鼠标有很多便捷操作,下面做一下简单的归类:

① 移动物体 在屏幕中的任何地方按住鼠标的中键不放并且移动鼠标,物体便会随着鼠标的移动而改变其在屏幕上的位置(注意:物体的真实位置并不会改变)。

② 旋转物体 在屏幕上的任何地方按住鼠标中间不放,接着再按住右键不放并且移动鼠标,则物体会随着鼠标的移动而改变角度(注意:物体并不会真的改变角度,只是用户的视角改变而已)。

③ 缩放物体 在屏幕上的任何地方按住鼠标中键不放,单击右键并上下移动鼠标,则可对物体进行缩放操作。向上移动是放大物体,反之缩小(注意:物体并没有真正改变其大小,而是用户的视角拉近或拉远而已)。

2.3 草图设计工具栏

草图设计工具栏包括草图工具工具栏、轮廓工具栏、操作工具栏、约束工具栏、工具工具栏和可视化工具栏。

1. 草图工具工具栏

草图工具工具栏可以调整绘图时的选项,有网格(Grid)、点对齐 (Snap to Point)、构造/标准元素 (Construction/Standard Element)、几何约束 (Geometrical Constraints)和尺寸约束 (Dimensional Constraints)的5个主要功能,如图2-8所示。

图2-8 草图工具工具栏

网格 可以在绘图时开启/关闭工作平面上的底纹网格,只需要单击该命令就可以在开启/关闭工作平面上的底纹网格功能间切换。

点对齐▦可以决定光标是否对齐于工作平面的网格焦点,只需要单击该图标▦就可以在打开与关闭点对齐功能间切换。如图 2-9 所示,上部分曲线是打开了点对齐功能后绘制的,下部分曲线则是关闭了点对齐功能后绘制的。比较两曲线可以看出,上面的曲线其所有控制点都落在底纹网格焦点上,而下面的曲线则无限制。

构造/标准元素▦标准元素与构造元素的差异在于标准元素可以用来建立实体,而构造元素是用来辅助标准元素的建立的。

几何约束▦建立图形时,由 CATIA 自动侦测约束条件,并自动放置约束条件,省去了手动加约束的麻烦。如图 2-10 所示,自动添加:H 水平、V 垂直和相切约束。

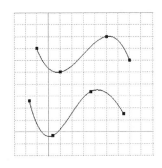

图 2-9　点对齐和非点对齐

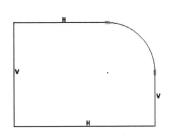

图 2-10　几何约束

尺寸约束▦打开尺寸约束的时候,CATIA 会默认自动打开尺寸约束,根据用户在“草图”工具栏中输入的元素参数,实时对草图进行尺寸约束,如图 2-11 所示。

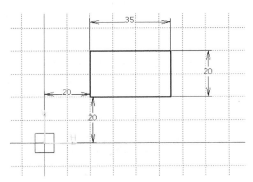

图 2-11　尺寸约束

2. 轮廓工具栏(Profile)

轮廓工具栏(见图 2-12)提供各种绘制轮廓功能,方便用户绘制出二维轮廓曲线。包括轮廓▦(Profile)、矩形 ▦(Rectangle)、斜置矩形▦(Oriented Rectangle)、平行四边形▦(Parallelogram)、延长孔▦(Elongated Hole)、圆柱型延长孔▦(Cylinderical Elongated Hole)、钥匙型轮廓▦(Keyhole Profile)、正六边形▦(Hexagon)、居中矩形▦(Centered Rectangle)、居中平行四边形▦(Centered Parallelogram)、圆形▦(Circle)、三点圆▦(Three Point Circle)、使用坐标创建圆▦(Circle Using Coordinates)、三切线圆▦(Tri - Tangent Circle)、三点弧▦(Three Point Arc)、起始受限的三点弧▦(Three Point Arc Starting With

Limits)、弧 ⌣(Arc)、样条曲线 ∿(Spline)、连接 ↶(Connect)、椭圆 ○(Ellipse)、抛物线 ⋃
(Parabola by Focus)、双曲线 ⋌(Hyperbola by Focus)、二次曲线 ⌐(Conic)、直线 ╱(Line)、
无线长线 ╱(Infinite Line)、双切线 ╱(Bi‐Tangent Line)、角平分线 ╱(Bisecting Line)、曲
线的法线 ⌐(Line Normal To Curve)、轴 ⃒(Axi)、点 ·(Point)、使用坐标创建点 ⊡
(Point by Using Coordinates)、等距点 ⋰(Equidistant Points)、相交点 ✕(Intersect Point)、
投影点 ⃒(Projection Point)绘图功能可以使用。

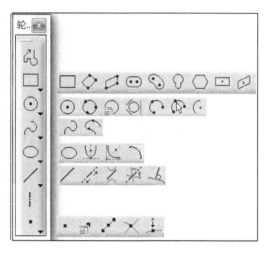

图 2 – 12　轮廓工具栏

轮廓 ⌇连续绘制直线和圆弧,形成封闭或开放的轮廓。

矩形 □ 通过两个对角点绘制与坐标轴平行的矩形。

斜置矩形 ◇通过定义矩形的三个端点在所选择的方向上创建矩形。

平行四边形 ▱通过定义平行四边形的三个端点创建平行四边形。

延长孔 ▣通过两点创建轴线,再定义延长孔的半径创建延长孔。

圆柱型延长孔 ◉通过第一点创建圆心,第二点和第三点创建圆弧起点和终止点,得到圆
弧轴线,再用第四个点定义延长孔的半径创建圆柱型延长孔。

钥匙型轮廓 ♀通过第一点和第二点创建轴线,第三点定义小端半径,再用第四点定义大
端半径创建钥匙型轮廓。

正六边形 ⬡通过第一点创建中心和第二点作为边上中点,第一点和第二点形成的六边形
的方向创建正六边形。

居中矩形 ▣通过第一点定义矩形中心,第二点定义矩形的一个顶点创建居中矩形。

居中平行四边形 ▱选择两条相交直线作为平行四边形的参考方向,再定义一个点来创建
居中平行四边形。

圆形 ⊙通过圆心和圆上一点创建圆。

三点圆 ○通过圆上的三个点创建圆。

使用坐标创建圆 ↺通过输入圆心坐标和半径创建圆。

三切线圆 ◎通过与三个已知元素相切的圆,已知元素可以是圆弧、直线、样条曲线、二次

曲线或坐标轴。

三点弧 ⟳ 通过圆上的三个点创建圆弧,第一点为圆弧的起点,第二点为圆弧上一点,第三点为圆弧的终点。

起始受限的三点弧 ⟳ 通过圆上的三个点创建圆弧,第一点为圆弧的起点,第二点为圆弧上的终点,第三点为圆弧上的一点。

弧 ⟲ 通过圆心以及起点和终点创建圆弧。

样条曲线 ⟲ 通过一系列点创建样条曲线。可以在点上添加切线或曲率的约束条件。

连接 ⟲ 生成两条的曲线(直线、圆弧、二次曲线、样条曲线)间的过渡曲线,过渡曲线可以是圆弧曲线或样条曲线。如过渡曲线是样条曲线,连续条件可选择位置连续、切矢连续或曲率连续。

椭圆 ◯ 通过定义椭圆中心、长半轴端点和短半轴端点创建椭圆。

抛物线 ⟱ 通过焦点、顶点以及抛物线的两个端点来创建抛物线。

双曲线 ⟱ 通过焦点、中心和顶点以及双曲线的两个端点创建双曲线。

二次曲线 ⟲ 通过不同的方法创建二次曲线(抛物线、双曲线或椭圆的弧)。参数值是一个介于 0~1 间(不包括 0 和 1)的比率,此值用于定义穿越点:

① 若参数 = 0.5,则曲线为抛物线。

② 若 0<参数<0.5,则曲线为椭圆的弧。

③ 若 0.5<参数<1,则曲线为双曲线。

直线 ╱ 通过两点来创建直线。

无线长线 ╱ 创建水平或垂直的无限长线,或指定的两个点来创建无限长线。

双切线 ╳ 创建两个元素的公切线。

角平分线 ╳ 创建两条相交直线的无限长角平分线。

曲线的法线 ⟲ 创建曲线的法线,曲线可以是直线、圆、圆锥曲线或者样条等。指定曲线外一点,该点将是所创建曲线法线的一个端点,然后图形区选择曲线,系统自动创建曲线的法线。

轴 ⎸ 通过两个点创建轴线。轴线不能创建实体、曲面,可作为参考元素,主要用于创建回转体或回转槽时的轴线。

点 · 通过鼠标单击屏幕创建点。

使用坐标创建点 ⟲ 通过坐标值创建点。

等距点 ⟲ 在曲线上创建等距点,曲线可以是直线、圆、圆弧、二次曲线、样条曲线。

相交点 ╳ 创建曲线间的交点,曲线可以是直线、圆、圆弧、二次曲线、样条曲线。

投影点 ⟲ 将曲线外的点沿着曲线在该点的法线方向投影到曲线上,曲线可以是直线、圆、圆弧、二次曲线、样条曲线。

3. 操作工具栏(Operation)

操作工具栏包括圆角 ⟲(Corner)、倒角 ⟲(Chamfer)、修剪 ╳(Trim)、断开 ╱(Break)、快速修剪 ⟲(Quick Trim)、封闭 ⟲(Close)、补充 ⟲(Complement)、镜像 ⟲(Mirror)、对称 ⟲(Symmetry)、平移 →(Translate)、旋转 ⟲(Rotate)、缩放 ⟲(Scale)、偏移 ⟲(Offset)、投影 3D 元素 ⟲(Project 3D Element)、与 3D 元素相交 ⟲(Intersect 3D Elements)、投影 3D 轮廓边线

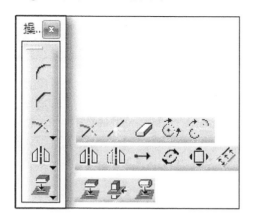(Project 3D Sihouette Edges),如图 2 - 13 所示。

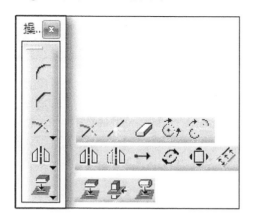

图 2 - 13 操作工具栏

圆角 使用不同的修剪选项在两条直线之间创建圆角。

倒角 使用不同的修剪选项在两条直线之间创建倒角。

修剪 对两条曲线进行修剪。如果修剪结果是缩短曲线,则适用于任何曲线,如果是伸长则只适用于直线、圆弧和二次曲线。

断开 将草图元素打断,打断工具可以是点、圆弧、直线、二次曲线、样条曲线等。

快速修剪 系统会自动检测边界,剪裁直线、圆弧、圆、椭圆、样条曲线或中心线等草图元素的一部分使其截断在另一草图元素的交点处。

封闭 将不封闭的圆弧或椭圆弧封闭成圆或者椭圆。

补充 创建已有圆弧或者椭圆弧的互补弧。

镜像 使用直线或轴线作为镜像线复制现有草图元素。

对称 使用直线或轴线作为对称线镜像现有草图元素,但不保留原图形。

平移 将图形沿着某一方向移动一定距离。

旋转 将图形元素进行旋转或者环形阵列。

缩放 将图形元素进行比例缩放操作。

偏移 对已有直线、圆等草图元素进行偏移复制。

投影 3D 元素 将三维元素的边线投影到草图平面来创建草图元素。

与 3D 元素相交 将三维元素与草图平面相交来创建草图元素。

投影 3D 轮廓边线 指将实体(回转体)的外廓投影到草图平面来创建草图元素。

4. 约束工具栏

约束工具栏可以对图形元素的长度、角度、平行、垂直、固定位置、相切等加以限制条件,并且标示在草图上,方便用户直观浏览所有的信息。还可以利用约束与约束之间相连的关系做出动画。约束工具栏包括:对话框中定义的约束 (Constraints Defined in Dialog Box)、约束 (Constraint)、接触 (Contact Constraint)、固联 (Fix Together)、自动约束 (Auto - Constraint)、制作约束动画 (Animate Constraint)、编辑多重约束 (Edit Multi-Constraint),如图 2 - 14 所示。

图 2-14　约束工具栏

约束类型和标识如表 2-1 所列。

表 2-1　约束类型和标识

标识(Symbol)	约束类型(Constraint Type)
L	垂直(Perpendicular)
⊙	相合(Coincidence)
V	垂直线(Vertical)
H	水平线(Horizontal)
固定符号	固定(Fix)
//	平行(Parallel)
相切符号	相切(Tangence)
Φ	对称(Symmetry)
◎	同心(Concentricity)
R 25 / D 50	半径/直径(Radius/Diameter)

　　如果处于诊断状态(诊断◎被点亮),用不同的颜色表示约束状态,白色表示存在约束不充分的元素;所有相关尺寸均已满足,但是仍存在一些自由度。褐色表示未更改的元素,某些几何元素被过定义或不一致。绿色表示完全约束元素,所有相关尺寸均已满足,几何图形已固定,无法将其从几何支持面移开。紫色表示过约束元素,在几何图形上的约束过多。红色表示不一致的元素,至少有一个尺寸值需要进行更改;如果元素的约束不充分,并且系统建议的默认值不能解决问题,则也会发生这种情况。

　　对话框中定义的约束▤主要是通过对话框去定义各类约束(见图 2-15),包括:点、直线、曲线的规划并标示约束。

　　约束▤的功能可以定义角度、距离、半径等一系列尺寸。

　　接触◎可以定义相切、共圆心、共线等一系列位置关系。

　　固联◯可以将所选的元素的相应属性,如大小、相对位置等,进行固定约束,使得用户在以后的操作中不能对其进行改变。

　　自动约束▤可以同时对多个点、多条直线、多条曲线进行约束。

　　制作约束动画▣可以对已经有约束的图形,通过改变约束的数值,使得整个图形在约束的数值改变下,用约束间的驱动做出动画。

编辑多重约束⬚可对现草图中所包含的所有尺寸约束进行编辑修改。

5)工具工具栏

工具工具栏包括创建基准⬚(Create Datum)、仅当前几何体⬚(Only Current Body)、输出特征⬚(Output feature)、轮廓特征⬚(Profile feature)、草图求解状态⬚(Sketch Solving Status)和草图分析⬚(Sketch Anlysis),如图 2 - 15 所示。

图 2 - 15 工具工具栏

创建基准⬚停用历史记录模式,在停用历史记录模式的情况下创建几何图形。在这种情况下,创建元素时,没有指向用于创建该元素的其他实体的链接。

仅当前几何体⬚仅显示当前的几何体(针对存在多个几何体的情况下)。

输出特征⬚创建几何图形草图的输出特征,在 3D 中该特征可以独立于草图进行发布和更新。

轮廓特征⬚创建轮廓特征。轮廓特征由一组曲线(连接的或未连接的)组成,并且独立于在同一草图中定义的其他元素。"独立"表示可以在 3D 区域中管理此特征,而无须考虑草图的剩余部分。

草图求解状态⬚显示草图几何图形的快速诊断。将提供整个草图几何图形的整体状态,以便相应地修正与约束相关的任何问题。

草图分析⬚分析绘制的几何图形,并诊断几何图形。提供全局或单个状态,并允许更正状态中所述的任何问题。

6. 可视化工具栏

可视化工具栏包括按草图平面剪切零件⬚(Cut Part by Sketch Plane)、常用⬚(Usual)、低光度⬚(Low light)、无 3D 背景⬚(No 3D Background)、可拾取的可视背景⬚(Pickable visable background)、无 3D 背景⬚(No 3D Background)、无可拾取的背景⬚(Unpickable background)低亮度背景⬚(Low intensity background)不可拾取的低亮度背景⬚(Unpickable low intensity background)、锁定当前视点⬚(Lock current view point)、诊断⬚(Diagnostics)、尺寸约束⬚(Dimensional Constraints)和几何约束⬚(Geometric Constraints),如图 2 - 16 所示。

图 2 - 16 可视化工具栏

按草图平面剪切零件⬚按草图平面剪切零件以便使一些边线可见。由于进行绘制时不需要的材料部分被隐藏,因此使草图平面视图得以简化。

常用![icon]是默认选项。激活此选项时,草图编辑器中的 3D 几何图形可见。

低光度![icon]将以低光度显示除当前草图外的所有几何元素和特征(它们显示为灰色)。此外,尽管能看到这些几何元素,但无法进行选择,只能处理草图编辑器元素。

无 3D 背景![icon]将隐藏除当前草图外的所有几何元素和特征(产品、零件等),即使几何元素与草图平面共面,也将隐藏这些元素。

可拾取的可视背景![icon]以标准亮度显示草图平面以外的所有几何元素,这些元素可以拾取。

无 3D 背景![icon]隐藏草图平面和当前草图元素以外的所有几何元素。

无可拾取的背景![icon]以标准亮度显示草图平面以外的所有几何元素,但无法拾取这些元素。

低亮度背景![icon]以低亮度显示草图平面以外的所有几何元素,这些元素可拾取。

不可拾取的低亮度背景![icon]以低亮度显示草图平面以外的所有几何元素,这些元素无法进行拾取。

锁定当前视点![icon]:锁定了当前视点(假定已设置可视化模式)。

诊断![icon]对约束进行诊断或不诊断。如有处于诊断状态,则不用的颜色表示约束的状态。

尺寸约束![icon]显示或隐藏尺寸约束。

几何约束![icon]显示或隐藏几何约束。

2.4 实例练习

草图设计的基本过程:首先绘制轮廓,然后添加几何约束,再添加尺寸约束,最终利用编辑多重约束命令修改各个尺寸约束的参数。本设计实例是对草图设计的基础练习,通过该实例的练习,可以进一步熟悉草图工作平台下的各个工具栏的使用。设计实例如图 2-17 所示,以下按照绘制轮廓、添加约束的顺序对其绘制过程进行描述。

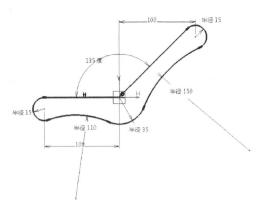

图 2-17 草图实例

1. 绘制轮廓

① 左击草图编辑器![icon]按钮,再选择 XY 平面,将其作为草图的设计平面。

② 在轮廓工具栏左击连续折线按钮![icon],绘制如图 2-18 所示的封闭轮廓。在绘制外围轮

廓时,建议以原点作为轮廓的绘制起点和终点。

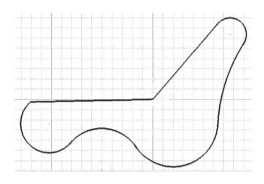

图 2-18　初步轮廓

2. 添加几何约束

经过绘制轮廓的步骤之后,草图的轮廓已经基本被表达出来了,下面需要对一些具体的草图添加几何约束。使用约束工具栏中的对话框中定义的约束 按钮,为草图添加如图 2-19所示的几何约束。

3. 添加尺寸约束

添加完几何约束后,需要添加尺寸约束。使用约束工具栏中的约束 按钮,为草图添加如图 2-20 所示的尺寸约束。这样,就得到了一个完全约束的草图轮廓了。图中数值根据绘制元素而确定,读者不用在意此数值,后续需要修改。

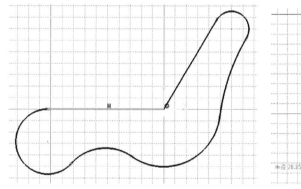

图 2-19　添加几何约束

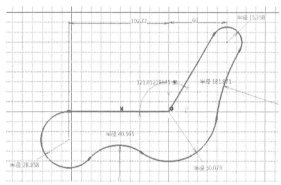

图 2-20　添加尺寸约束

4. 编辑多重约束

添加完尺寸约束后,需要按照图示的尺寸参数修改相应的尺寸。使用单击"编辑多重约束"按钮 ,即可对现草图中所包含的所有尺寸约束进行编辑修改,如图 2-21 所示,单击确定后如图 2-22 所示。

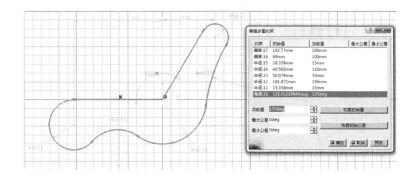

图 2-21　编辑多重尺寸约束

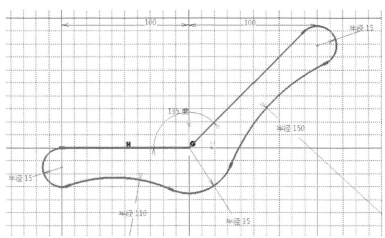

图 2-22　最终的草图

5. 草图分析

完成最终草图绘制后，需要对草图进行草图分析，检查是轮廓是否封闭和草图元素是否完全约束。使用单击"草图分析"按钮 🔍，即可对现草图分析，如图 2-23 和 2-24 所示。

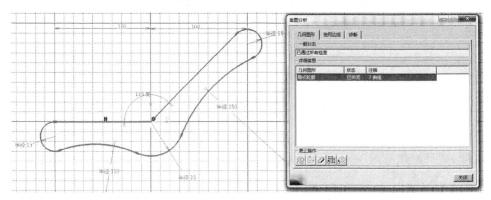

图 2-23　草图分析之封闭性检查

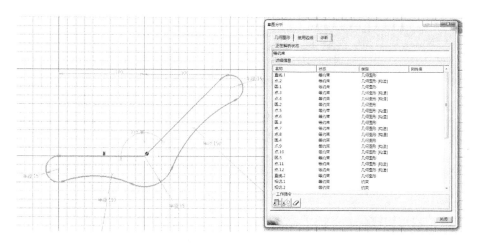

图 2 - 24 草图分析之完全约束检查

第3章 零件设计

零件设计(Part Design)通过草图中所建立二维的轮廓,利用零件设计所提供的功能,建立三维模型,并且加以编辑修改,完成三维几何实体。

3.1 零件设计工作台

进入零件设计的步骤如下:

打开 CATIA 以后,选择【开始】|【机械设计】|【零件设计】命令,如图 3-1 所示。

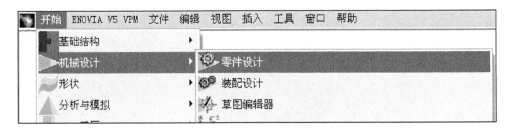

图 3-1 零件设计工作台

完成上述步骤后,可进入图 3-2 中。不难发现,在第二章就见过图 3-2 的画面,这进一步说明零件设计是草图的延伸,所以要先有草图为基础,才能熟练的使用零件设计的各项功能。因此在进入零件设计后,仍需连接到草图单元,绘制出二维图形后,再到零件设计中,使用零件设计的功能来建构实体。

图 3-2 零件设计界面

3.2　零件设计的功能

零件设计功能提供了建立三维实体的各种功能,如拉伸、切除、旋转或扫描等方式,让二维轮廓形成三维实体。也可在已有的三维实体上,进行打孔或倒圆角等工作。图 3-3 为零件设计模块中各项功能的显示,打开零件设计后,若缺少其所示功能,可参照 2.2 节方法进行重置工具栏。

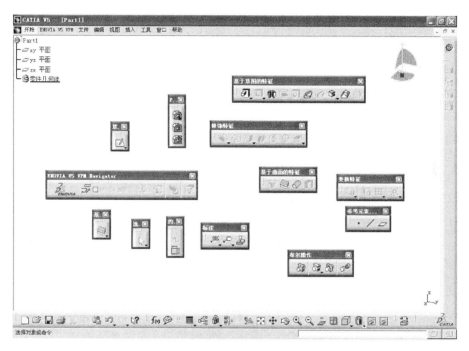

图 3-3　零件设计界面与各个工具栏

3.3　零件设计工具栏介绍

零件设计类型可以分为 6 类(见图 3-4),它们分别为:

第 1 类:由二维轮廓到三维实体的功能按钮"基于草图的特征"工具栏。

第 2 类:在实体上的再加工功能按钮"修饰特征"工具栏。

第 3 类:在曲面上再加工功能按钮"基于曲面的特征"工具栏。

第 4 类:实体的变换"变换特征"工具栏。

第 5 类:不同几何体间的组合"布尔操作"工具栏。

第 6 类:在空间中建立点、线、面的功能图标"参考元素"工具栏。

下面将针对上述几个工具栏进行分类的介绍。

1. 基于草图的特征工具栏

"基于草图的特征(Sketch-Based Features)"工具栏以草图为基础,使用凸台 ⬚(Pad)、拔模圆角凸台 ⬚(Drafted Fillet Pad)、多凸台 ⬚(Multi-Pad)、凹槽 ⬚(Pocket)、拔模圆角凹槽 ⬚

图 3-4　零件设计工具栏

(Drafted Fillet Pocket)、多凹槽█(Multi－Pocket)、旋转体█(Shaft)、旋转切除█(Groove)、孔█(Hole)、肋█(Rib)、开槽█(Slot)、筋█(Stiffener)、实体混合█(Solid Combine)、多截面实体█(Multi-sections Solid)、多截面实体切除█(Removed Multi-sections Solid)建立三维几何实体,基于草图的特征工具栏如图 3-5 所示。

图 3-5　基于草图的特征工具栏

凸台█是指在一个或两个方向上拉伸轮廓或曲面创建拉伸实体。

拔模圆角凸台█创建凸台的同时拔模它的面并圆角化它的边线。

多凸台█使用不同的长度值拉伸属于同一草图的多个轮廓。

凹槽█指在一个或两个方向上拉伸轮廓或曲面,然后移除由拉伸产生的材料。

拔模圆角凹槽█创建凹槽的同时拔模它的面并圆角化它的边线。

多凹槽█使用不同的长度值从属于同一草图的不同轮廓中创建凹槽特征。

旋转体█使用草图元素在指定的旋转角度下创建旋转实体。

旋转切除█从现有特征中移除材料的旋转特征。

孔█从几何体中移除材料。可创建多种类型的孔,这些孔包括盲孔、通孔、锥形孔、沉头孔、埋头孔、倒钻孔。

肋█草图轮廓沿着一条中心曲线扫掠创建扫掠体。通常轮廓使用封闭草图,而中心曲线可以是草图也可以是空间曲线,可以是封闭的也可以是开放的。

开槽█草图轮廓沿着一条中心曲线扫掠移除材料。

筋█在草图轮廓和现有零件之间添加指定方向和厚度的材料,在工程上一般用于加强零件的强度。

实体混合█指两个草图元素分别沿着两个方向拉伸相交得到的实体。

多截面实体 通过沿计算所得或用户定义的脊线扫掠两个或两个以上不同位置的平面封闭轮廓生成放样实体。创建的特征也可采用一条或多条引导曲线。

多截面实体切除 通过沿计算所得的或用户定义的脊线扫掠两个或两个以上不同位置的平面封闭轮廓生成放样实体,然后再移除该材料。创建的特征也可采用一条或多条引导曲线。

2. 修饰特征工具栏

如图 3-6 所示为修饰特征(Dress-Up Features)工具栏。该工具栏可以在已完成的零件上,不改变整个零件的基本轮廓情况下进行修饰工作。此工具栏包括:倒圆角 (Edge Fillet)、可变半径圆角 (Variable Radius Fillet)、弦圆角 (Chordal Fillet)、面与面的圆角 (Face-Face Fillet)、三切线内圆角 (Tritangent Fillet)、倒角 (Chamfer)、拔模斜度 (Draft Angle)、拔模反射线 (Draft Reflect Line)、可变角度拔模 (Variable Angle Draft)、盒体 (Shell)、厚度 (Thickness)、内螺纹/外螺纹 (Thread/Tap)、移除面 (Remove Face)和替换面 (Replace Face),如图 3-6 所示。

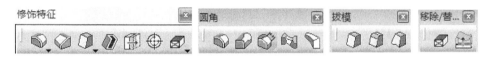

图 3-6　修饰特征工具栏

倒圆角 创建两个相邻面之间的平滑过渡曲面。圆角是指具有固定半径或可变半径的曲面,它与两个曲面相切并接合这两个曲面,这三个曲面共同形成一个内角或一个外角。

可变半径圆角 创建可变半径圆角。可变半径圆角是根据可变半径定义的曲面,可变半径圆角意味着至少有两个不同的常量半径应用于两条完整边线。

弦圆角 通过指定圆角的宽度(弦长)来倒圆角。

面与面的圆角 创建面与面的圆角。当面与面之间不相交或面与面之间存在两条以上锐化边线时,通常使用该命令。

三切线内圆角 创建三切线内圆角。需要选择三个面,要求其中两个是支持面,第三个面是移除的面。

倒角 在存在交线的两个面上建立一个倒角斜面。倒角的创建包含从选定边线上移除或添加平截面,以便在共用此边线的两个原始面之间创建斜面。通过沿一条或多条边线拓展可获得倒角。

拔模斜度 根据拔模面和拔模方向之间的夹角作为拔模条件进行拔模。

拔模反射线 用曲面的反射线作为拔模特征的中性元素来创建拔模面。

可变角度拔模 沿拔模中性线上的拔模角可以变化,中性线上的顶点、一般点或某平面与中性线的交点等都可以作为控制点来定义拔模角。

盒体 从实体内部去料或在外部加料,使实体中空化,从而形成薄壁特征的零件。

厚度 选择一个需要加厚面,设置一个厚度值,增加现有实体的厚度。输入参数值为正值,则该表面沿法向增厚;负值则减薄。

内螺纹/外螺纹 在孔内或圆柱体外表面上创建螺纹,建立的螺纹特征在三维实体上并不显示,但在特征树上记录螺纹参数,在生成工程图时显示(需在工程图选项设置生成螺纹)。

移除面 ▨ 通过移除某些面来简化零件。当零件对有限元分析过于复杂时,可使用该方法使其变得更简单。

替换面 ▨ 根据已有外部曲面形状来对零件表面形状进行修改得到某种结构。

3. 基于曲面特征工具栏

图 3-7　基于曲面的特征工具栏

"基于曲面特征(Surface-Based Features)"工具栏的功能利用曲面创建实体,包括分割 ▨(Split)、加厚曲面 ▨(Thick Surface)、封闭曲面 ▨(Close Surface)、缝合曲面 ▨(Sew Surface)。基于曲面特征工具栏如图 3-7 所示。

分割 ▨ 指使用平面或曲面来切割实体零件生成新的实体。

加厚曲面 ▨ 曲面在指定的方向上增加厚度形成实体。

封闭曲面 ▨ 封闭的曲面生成实体。

缝合曲面 ▨ 通过修改实体的曲面来添加或移除材料。缝合是将曲面和几何体组合的布尔运算。

4. 变换特征工具栏

"变换特征(Transformation Features)"工具栏可以对实体零件进行平移 ▨(Translation)、旋转 ▨(Rotation)、对称 ▨(Symmetry)、定位变换 ▨(Axi To Axi)、镜像 ▨(Mirror)、矩形阵列 ▨(Rectangular Pattern)、圆形阵列 ▨(Circular Pattern)、自定义阵列 ▨(User Pattern)、缩放 ▨(Scaling)和仿射 ▨(Affinity)等操作,进而修改或者生成新的实体,如图 3-8 所示。

图 3-8　变换特征工具栏

平移 ▨ 在特定的方向上将零件的特征相对于坐标系进行移动指定距离,用于零件几何位置的修改。

旋转 ▨ 将零件的特征围绕指定的旋转轴旋转指定的角度。

对称 ▨ 将整个零件在指定的对称面进行进行镜像。

定位变换 ▨ 将变换元素从一个坐标系变换到另一个坐标系上。

镜像 ▨ 对点、曲线、曲面、实体等几何元素相对于镜像平面进行镜像操作。

矩形阵列 ▨ 以矩形排列方式复制选定的实体特征,形成新的特征。

圆形阵列 ▨ 将特征绕旋转轴进行旋转阵列分布。

自定义阵列 ▨ 在所选位置根据需要多次复制特征、特征列表或由关联的几何体产生的几何体。

缩放 ▨ 使用点、平面或平曲面作为缩放参考将几何图形的大小调整为指定的尺寸。

仿射 ▨ 先指定变换的坐标系,并在局部坐标上指定相应的缩放系数。

5 布尔操作工具栏

"布尔操作(Boolean Operation)"工具栏,当两个以上的几何体存在时,可以利用布尔运算功能,进行几何体间的交、并、差等运算,将不同的几何体结合在一起。此处包括:装配🔧(Assemble)、加🔧(Add)、减🔧(Remove)、相交🔧(Intersect)、联合修剪🔧(Union Trim)、移除块🔧(Remove Lump)不同的运算方式,布尔操作工具栏如图 3-9 所示。

图 3-9　布尔操作工具栏

装配🔧将不同的几何体组合成一个新几何体。

加🔧将一个几何体添加到另一个几何体中,并取两个几何体的并集部分。

减🔧在一个几何体中减去另一个几何体所占据的位置来创建新的几何体。

相交🔧将两个几何体组合在一起,取两者的交集部分。

联合修剪🔧在两个几何体之间同时进行添加、移除、相交等操作,以提高进行多次布尔运算效率。

移除块🔧移除单个几何体内多余的且不相交的实体。

注意:有时因为技术上的困难或者工具不足,无法一次在单个几何体内绘制好完整的实体零件时,可以在同一个零件设计文件内单击几何体🔧按钮,即可插入新的几何体,此时再利用布尔运算即可完成复杂的实体零件造型。图 3-10 特征树中的"几何体.2"即为插入的新几何体。

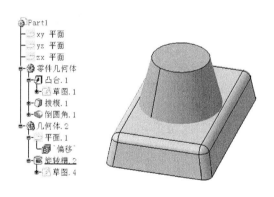

图 3-10　插入几何体

6. 参考元素工具栏

"参考元素"工具栏可以建构空间中的点、线、面等基本几何元素来辅助实体的建构,这些几何元素可以作为实体造型的参考。例如:建立一新平面作为草图绘制平面,建立一个点作为阵列参考点等,包括:点·、直线╱和平面◯三类参考元素的创建功能,工具栏如图 3-11 所示。

点·可以通过很多方式,包括坐标点、曲线上的点、曲面上的点、圆心、曲线切点、中间点等。

直线 ╱ 建立方法有：两点直线、起点和方向、与曲线成一定角度、曲线的切线、平面法线、角平分线等。

平面 ╱ 是在设计模块中建立平面，作为其他实体建构的参考元素。建立平面的方法有三点成面、偏置平面、曲线垂面、曲线切面等。

图 3-11　参考元素工具栏

3.4　实例练习

零件设计的一般过程是首先通过草图建立主要特征的基础，利用基于草图的特征工具栏通过拉伸或旋转等生成主要的实体特征，然后进行特征的复制等操作，最后进行实体的倒圆角、或倒角等操作生成最终实体。本设计实例是对零件设计的基础练习，通过该实例的练习，可以进一步熟悉与零件设计相关的各个工具栏的使用。设计实例如图 3-12 所示，本章将该零件的建模过程分为基座、沉头孔、上部拉伸环和边线圆角四个部分来介绍。

图 3-12　零件设计实例

1. 基　座

在 xy 平面上建立如图 3-13(a)所示草图，完成草图后，单击"基于草图的特征"工具栏的"凸台" ╱ 按钮，将刚完成的草图进行拉伸，高度设为 20。图 3-13(b)右图即为拉伸之后的基座。

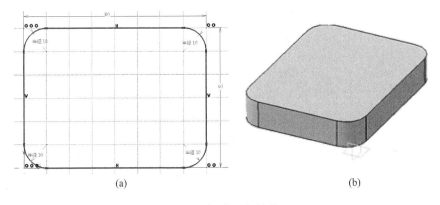

| (a) | (b) |

图 3-13　草图与拉伸

2. 沉头孔

左击"基于草图的特征"工具栏的"孔" ╱ 按钮，选择基座上表面进行打孔。在"扩展"选项卡中将类型选为"直到下一个"，直径设为 7 mm，在"类型"选项卡中将类型设为"沉头孔"，直径为 10 mm，深度 5 mm。将孔定位到与边线圆弧同心，如图 3-14(a)所示，成形效果如图 3-14(b)所示。

然后将生成的孔特征进行阵列化。在"变换特征"工具栏中左击"矩形阵列" ╱ 按钮，选择孔特征作为要阵列的对象，而后分别指定第一方向和第二方向的实例、间距和参考元素，其中

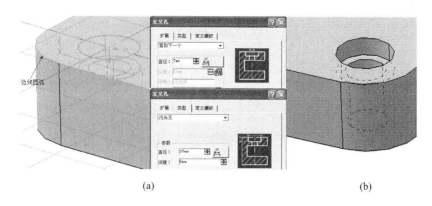

(a)　　　　　　　　　　　　　　　　　(b)

图 3-14　打　孔

第一方向实例数为 2,间距为 40 mm,第二方向实例数为 2,间距为 60 mm,如图 3-15 所示。

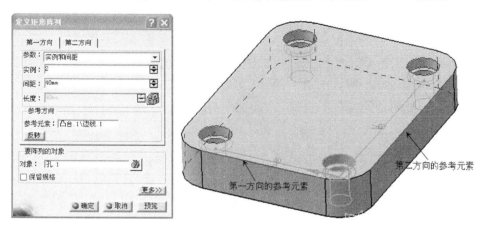

图 3-15　矩形阵列

3. 上部拉伸环

① 生成参考平面　在"参考元素"工具栏里单击"平面" 按钮,以 zx 面为参考,偏移 30 mm,如图 3-16 所示。

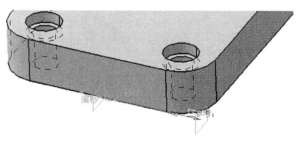

图 3-16　创建参考平面

② 以新生成的参考平面为草图平面,绘制如图 3-17 所示的草图。

③ 将步骤②中绘制的草图进行拉伸,长度为 10 mm,并选中"镜像范围",如图 3-18 所示。

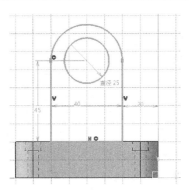

图 3－17　草图绘制

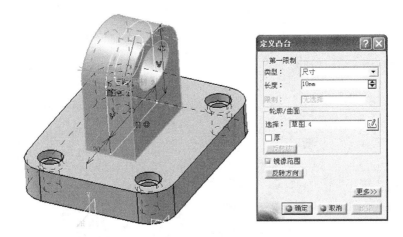

图 3－18　草图拉伸

4. 边线圆角

　　左击"修饰特征"工具栏中的"倒圆角" 按钮,选中基座和上部拉伸环交界处的四根边线作为要圆角化的对象,圆角半径为 5 mm,(见图 3－19)。至此实现了设计实例的零件设计过程,最终完成的实体如图 3－19 所示。

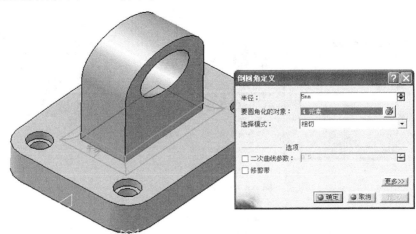

图 3－19　圆角操作

第4章 曲面设计

创成式外形设计(Generative Shape Design)帮助设计者在曲线、多种曲面特征的基础上，进行机械零部件的外形设计。创成式外形设计提供了一系列全面的工具集，用于创建和修改复杂外形设计或混合零件造型中的机械零部件外形。

4.1 曲面设计工作台

进入曲面设计的步骤如下：

打开 CATIA 以后，选择【开始】|【外形】|【创成式外形设计】命令，如图 4-1 所示。

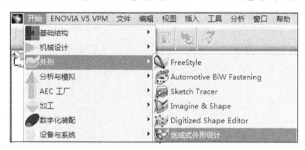

图 4-1 曲面设计界面

4.2 曲面设计功能介绍

创成式外形设计模块拥有强大的曲面设计和修改功能，多种曲线、曲面创建和修改功能。该模块允许用户进行快速的外形修改操作，减少曲线曲面设计时间。它带有智能化的工具，如用于管理特征重用的超级复制(Power Copy)功能。以特征为基础的方法提供了直观和高效的设计环境，系统可以捕捉和重用设计方法及规范，其窗口如图 4-2 所示。

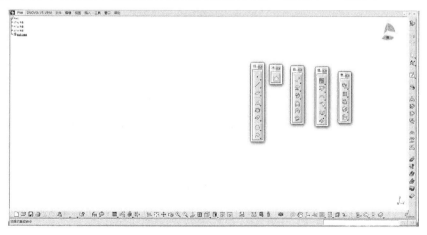

图 4-2 曲面设计功能界面

4.3 曲面设计工具栏

曲面设计工具栏包括线框工具栏、曲面工具栏、操作工具栏、分析工具和复制工具。

1. 线框工具栏

线框工具栏提供了点、直线、参考平面、各种曲线,包括点 ·（Point）、点面复制 （Points and Planes Repetition）、极值点 （Extremum）、极坐标极值元素 （ExtremumPolar）、直线 （Line）、轴线 （Axi）、折线 （Polyline）、平面 （Plane）、面间复制 （Planes Between）、投影 （Projection）、混合曲线 （Combine）、反射线 （ReflectLine）、相交 （Intersection）、平行曲线 （Parallel Curve）、偏置曲线 （3D Curve Offset）、圆弧 （Circle）、曲线圆角 （Corner）、曲线过渡 （Connect Curve）、二次曲线 （Conic）、样条线 （Spline）、空间螺旋线 （Helix）、平面螺旋线 （Spiral）、脊线 （Spine）、等参数线 （Isoparametric Curve）,如图 4 - 3 所示。

点 · 可以通过很多方式,包括坐标点、曲线上的点、曲面上的点和圆心、曲线切点和中间点等。

点面复制 同时创建多个点和平面。

极值点 创建在给定方向上曲线、曲面或拉伸体最小或最大的距离上的元素。这些元素可以是点、边或面。

极坐标极值元素 在极坐标系创建平面轮廓上的半径或角度极大或极小值的点。

直线 建立方法有:两点直线、起点和方向、与曲线成一定角度、曲线的切线、平面法线、角平分线等。

轴线 创建一条轴线,也可以是旋转面的轴线或圆弧的法线等。

折线 连接一系列点创建一条折线,可以设置折线连接点处的圆角半径。

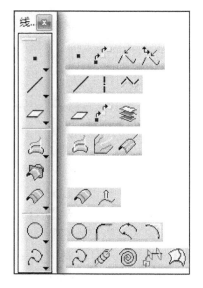

图 4 - 3 线框工具栏

平面 是在设计模块中建立平面,作为其他实体建构的参考元素。建立平面的方法有三点成面、偏置平面、曲线垂面、曲线切面等。

面间复制 在两个平面之间按照一定的规则创建指定数目的平面。

圆弧 是一种重要的几何元素,在设计过程中被广泛使用,创成式外形设计模块提供了多种绘制圆和圆弧的方法。在这个模块中,圆和圆弧具有同一个功能,这里统一称为圆弧。

样条线 通过已知的空间点,可选择适当的方向作为切线,建立曲线。

空间螺旋线 通过定义起点、轴线、间距和高度等参数在空间建立螺旋线。

平面螺旋线 是相对于空间螺旋线 而言的。平面螺旋线是在一个平面中,绕某一点旋转形成的螺旋线。

二次曲线　通过定义 5 个约束条件形成二次曲线,当参数大于 0,且小于 0.5 时是椭圆(Ellipse);当参数为 0.5 时抛物线(Parabola);当参数大于 0.5,并小于 1.0 时是双曲线(Hyperbola)。

曲线圆角　在空间曲线、直线以及点等几何元素上建立平面或者空间的过渡圆角。

曲线过渡　用一条空间曲线将两条直线或者曲线以某种连续形式进行连接,连续的形式有点连续、斜率连续和曲率连续。

脊线　建立一条垂直于一系列平面或者平面曲线的曲线,也可以通过若干条引导线建立曲线。脊线在扫描曲面、放样曲面等功能中具有广泛的用途。

投影　将空间的点、直线、曲面以某个方向投影到指定的曲面或者平面上,形成投影线。

相交　求取两个或者两个以上元素之间的交点、交线。

混合曲线　通过空间的两条曲线,沿着指定的方向复合生成新的曲线。

反射线　曲面上所有与指定方向成指定角度的点形成的曲线。

平行曲线　在支持面上生成与已知曲线平行曲线。

3D 曲线偏移　将空间三维曲线按照某个指定的方向进行偏置,生成新的曲线。

等参数线　在曲面上创建一条等参数曲线。

2. 曲面工具栏

曲面工具栏提供了多种曲面的创建方法,包括拉伸曲面(Extrude)、旋转曲面(Revolve)、球面(Sphere)、圆柱面(Cylinder)、偏移面(Offset)、可变偏移(Variable Offset)、粗略偏移(Rough Offset)、扫掠面(Sweep)、适应性扫描(Adaptive Sweep)、填充曲面(Fill)、多截面扫描(Mult-Sections Surface)和过渡曲面(Blend),如图 4-4 所示。

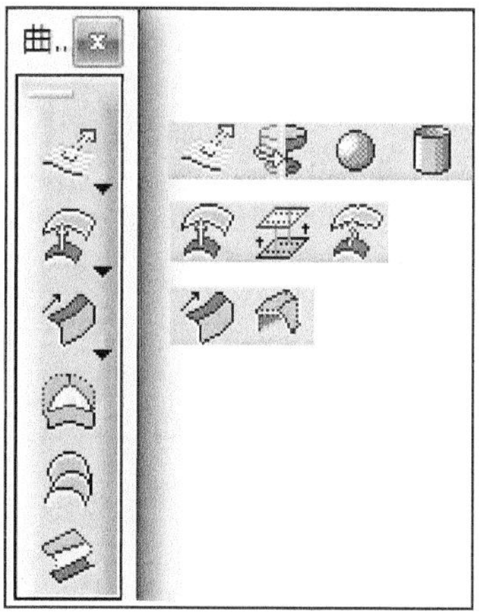

拉伸曲面　将草图、曲(直)线拉伸成曲面。

旋转曲面　将草图或者曲面绕一根轴线进行旋转,形成一个旋转曲面。

图 4-4　曲面工具栏

球面　以空间某点为球心且按某一半径建立球面。

圆柱面　以空间一点及一个方向生成的柱面。

偏移面　将已有的曲面沿着曲面的法向向里或者向外偏置一定的距离形成的新的曲面。

可变偏移　将一组曲面按照不同的距离偏移生成曲面。

粗略偏移　以固定的偏移距离近似逼近原始曲面的方法创建曲面,该曲面仅保留原始曲面的主要特征。

扫掠面　将一条轮廓曲线沿着一条引导线生成的曲面。截面线可以是已有的任意曲线,也可以是规则曲线,如直线、圆弧、二次曲线等。

适应性扫描🔲一种可以在扫描过程中改变截面尺寸的曲面扫描。

填充曲面🔲在由一组曲线围成的封闭区域中形成曲面。

多截面曲面🔲通过多条截面线放样生成曲面。

过渡曲面🔲在两个独立的曲面或者曲线之间建立一张曲面。

3. 操作工具栏

操作工具栏提供了各种对曲面进行修整的方法,包括接合🔲(Join)、拆解🔲(Disassemble)、缝补曲面🔲(Healing)、曲线光顺🔲(Curve Smooth)、去除修剪🔲(Untrim)、分割🔲(Split)、修剪🔲(Trim)、边界🔲(Boundary)、提取🔲(Extract)、多重提取🔲(Multiple Extract)、简单圆角🔲(Shape Fillet)、边线圆角🔲(Edge Fillet)、变半径圆角🔲(Variable Fillet)、弦圆角🔲(Chordal Fillet)、样式圆角🔲(Styling Fillet)、面面圆角🔲(Face-Face Fillet)、三切线内圆角🔲(Tritangent Fillet)、平移变换🔲(Translate)、旋转变换🔲(Rotate)、对称变换🔲(Symetry)、缩放变换🔲(Scaling)、仿射变换🔲(Affinity)、坐标系变换🔲(Axis to Axis)、外插延伸🔲(Extrapolate)和法则曲线🔲(Law),如图 4 - 5 所示。

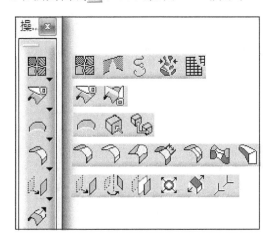

图 4 - 5　操作工具栏

接合🔲将多张曲面或多条曲线组合成为一个整体。

拆解🔲将合并在一起的曲面或曲线拆解为单张曲面或单条曲线。

缝补曲面🔲对曲面之间存在的缝隙进行修补,缩小曲面之间的距离。

曲线光顺🔲处理曲线的点不连续、切矢不连续、曲率不连续,使曲线具有更好的质量。

分割🔲用一个元素对另一个元素进行裁剪。

修剪🔲两个同类元素之间相互进行裁剪。

边界🔲从曲面中提取边界。

提取🔲从模型中提取点、曲线或曲面。

多重提取🔲从模型中一次提取多个元素,如点、曲线或曲面。

外插延伸🔲曲面或者曲线从边界向外进行插值延伸。

简单圆角🔲在两个或者三个曲面上生成两个曲面之间的圆角。

边线圆角🔲在一个曲面整体的边线上建立一个曲面圆角的光滑过渡。

变半径圆角 在曲面的边线圆角上设置不同的半径。

弦圆角 通过指定圆角的宽度（弦长）来倒圆角。

样式圆角 在两个现有曲面之间创建某种风格的圆角曲面。

面面圆角 在一个曲面整体中，在两个曲面中建立过渡圆角。面面圆角与简单圆角 不同，简单圆角是在不属于同一个整体的两个曲面之间建立过渡圆角。

三切线内圆角 在一个整体曲面中，以其中一个曲面作为圆角曲面的切面，建立其他两个曲面的过渡圆角曲面。三切线内圆角功能与简单圆角中的"三切线内圆角"功能类似，但简单圆角中的"三切线内圆角"所选择的曲面是属于不同的曲面整体的。

平移变换 将几何元素平移到新的位置。

旋转变换 将几何元素绕选定的轴线旋转到新的位置。

对称变换 将几何元素关于某参考元素对称变换到新的位置。

缩放变换 将几何元素以某参考元素为基准，在某个方向上进行缩小或者放大变换。

仿射变换 先指定变换的坐标系，并在局部坐标上指定相应的缩放系数。

坐标系变换 将变换元素从一个坐标系变换到另一个坐标系上。

法则曲线 定义两条曲线之间的距离关系形成某种函数关系，这种关系可以用于其他曲线、曲面的设计。

4．分析工具栏

曲面设计过程中需要分析曲线曲面的形状、连续性等情况，以确定设计的曲线曲面是否达到一定的要求。本节主要介绍对曲线和曲面的连续性检查、拔模分析、曲率分析及曲率梳分析的功能。这些功能都集中在分析工具栏中，用户也可以在菜单【插入】|【分析】中找到相应的功能。分析工具栏包括连续检查器分析 （Connect Checker Anlysis）、拔模特征分析 （Feature Draft Anlysis）、曲面曲率分析 （Sufacic Curvature Anlysis）、箭状曲率分析 （Porcupine Curvature Anlysis）、应用修饰 （Apply Dress-Up）、移除修饰 （Remove Dress-Up）、几何信息 （Geometric Information）和所见即所得模式 （WYS-IWYG mode），如图 4 - 6 所示。

图 4 - 6　分析工具栏

连续检查器分析 检查所选择的曲线曲面的连续性，检测是否存在点不连续、斜率不连续或者曲率不连续等情况。

拔模特征分析 在曲面上分析沿着指定方向的拔模情况。

曲面曲率分析 在曲面上分析曲率的分布情况。

箭状曲率分析 在曲线或者曲面的边线上显示曲线的曲率分布情况。

应用修饰 显示曲线或曲面的控制顶点和曲线或曲面的分段。

移除修饰 隐藏曲线或曲面的控制顶点和曲线或曲面的分段。

几何信息 查询曲线或曲面的几何信息。

所见即所得模式 能更好地理解几何模型，通过曲线间或曲面间重叠和间隙的可视化显示,提供了一种新的视觉和瞬态分析模式。

5. 复制工具栏

复制工具栏包括复制元素 (Object Repetition)、矩形阵列 (Rectangular Pattern)、圆形阵列 (Circular Pattern)、复制几何图形集 (Duplicate Geometrical Set)、创建超级副本 (PowerCopy Creation)、保存在目录中 (Save In Catalog) 和创建用户特征 (UserFeature creation),如图 4-7 所示。

复制元素 当操作是曲线上的点、与曲线的角度/法线、与平面成一定角度、偏移平面、平移、旋转、或缩放时,可以创建多个实例。

矩形阵列 对几何元素在行和列两个方向进行复制,形成一系列规则排列的复件。

圆形阵列 将几何元素在周向和径向两个方向进行阵列。

复制几何图形集 从特征树上复制几何图形集或有序几何图形集。

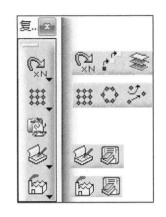

图 4-7 复制工具栏

创建超级副本 创建强力复制,以方便后续的使用。超级副本是将一些相关的特征组成一个集合,并对这个集合的参数进行处理,这个集合可以用于其他部件的设计中。在设计过程中,有很多部件是相同的,或者仅仅是某几个参数不同而已,用户只需设计其中一个部件,并把它参数化,在需要相同部件的结构中直接插入该部件,并设置相应参数就可以了。企业可以通过参数化功能,建立零件库,从而减少人力资源的浪费。

保存在目录中 将超级副本保存在目录中。

创建用户特征 创建用户自定义特征。

4.4 实例练习

曲面设计的过程是首先通过草图或其他方式创建曲线,曲线通过拉伸或旋转等生成主要的曲面特征,然后进行曲面的修剪、或分割、或倒圆角、或倒角等操作,最后曲面通过加厚曲面或封闭曲面生成实体。以一个旋钮实例,进一步熟悉本章中曲线曲面的操作,下面具体介绍建模过程。

① 选择菜单【文件】|【新建】,选择 Part 类型,建立新文件。选择菜单【开始】|【形状】|【创成式外形设计】,进入曲面设计模块。

② 单击图标,创建点.1,如图 4-8 所示。

③ 单击图标,以点.1 为圆心,创建圆.1,如图 4-9 所示。

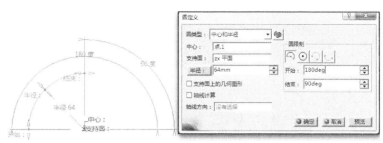

图 4-8 创建点.1   图 4-9 创建圆.1

④ 单击图标 ⊡ ,创建平面上的点.2,如图 4-10 所示。

⑤ 单击图标 ○ ,以点.2 为圆心,创建圆.2,如图 4-11 所示。

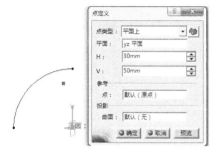

图 4-10 创建点.2   图 4-11 创建圆.2

⑥ 单击图标 ⊠ ,选择 YZ 平面,进入草图设计模块,创建草图.1,如图 4-12 所示。

⑦ 单击图标 ⊠ ,拉伸圆.1,创建拉伸.1,如图 4-13 所示。

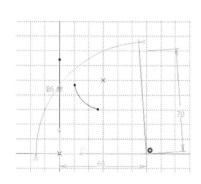

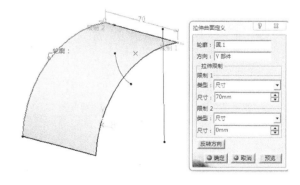

图 4-12 创建草图.1   图 4-13 创建拉伸.1

⑧ 单击图标 ⊠ ,拉伸圆.2,创建拉伸.2,如图 4-14 所示。

⑨ 单击图标 ⊠ ,创建旋转.1,如图 4-15 所示。

⑩ 单击图标 ⊠ ,裁剪旋转.1 和拉伸.1,创建修剪.1,如图 4-16 所示。

⑪ 单击图标 ⊠ ,创建分割.1,如图 4-17 所示。

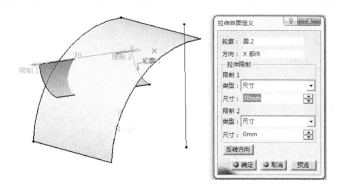

图 4 - 14   创建拉伸.2

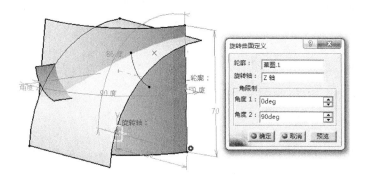

图 4 - 15   创建旋转.1

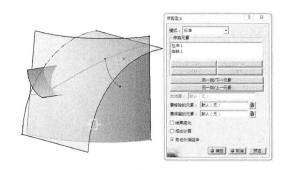

图 4 - 16   创建修剪.1

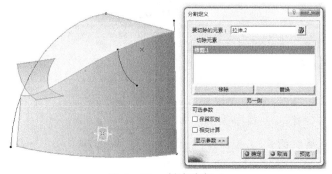

图 4 - 17   创建分割.1

⑫ 单击图标 ，创建外插延伸.1，如图 4 - 18 所示。

⑬ 单击图标 ，创建外插延伸.2，如图 4 - 19 所示。

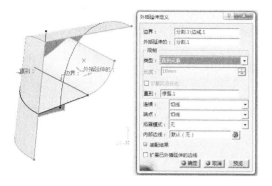

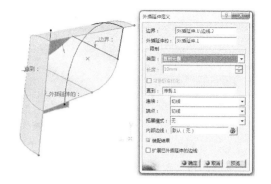

图 4 - 18   创建外插延伸.1   **图 4 - 19   创建外插延伸.2**

⑭ 单击图标 ，创建修剪.2，如图 4 - 20 所示。

⑮ 单击图标 ，创建倒圆角.1，如图 4 - 21 所示。

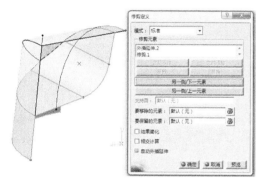

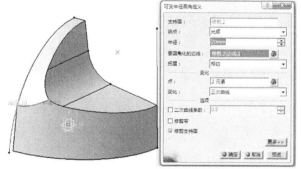

图 4 - 20   创建修剪.2   **图 4 - 21   创建倒圆角.1**

⑯ 单击图标 ，创建倒圆角.2，如图 4 - 22 所示。

⑰ 单击图标 ，创建对称.1，如图 4 - 23 所示。

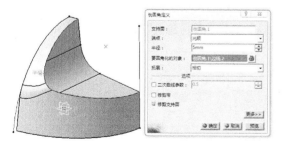

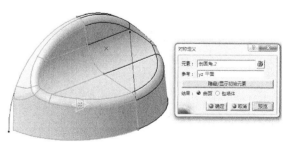

图 4 - 22   创建倒圆角.2   **图 4 - 23   创建对称.1**

⑱ 单击图标 ，创建接合.1，如图 4 - 24 所示。

⑲ 单击图标 ，创建对称.2，如图 4 - 25 所示。

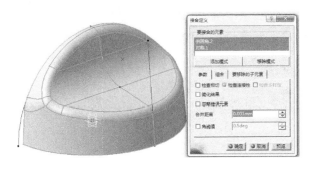

图 4 - 24   创建接合.1

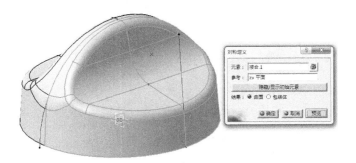

图 4 - 25   创建对称.2

⑳ 单击图标▦,创建接合.2,如图 4 - 26 所示。

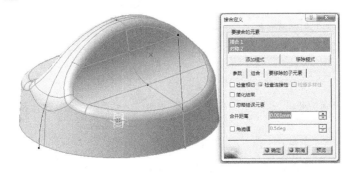

图 4 - 26   创建接合.2

㉑ 选择菜单【开始】|【机械设计】|【零件设计】,进入实体设计模块,如图 4 - 27 所示。

图 4 - 27   切换到零件设计工作台

㉒ 选择零件几何体,单击右键,选择定义工作对象,切换特征树节点,如图 4 - 28 所示。

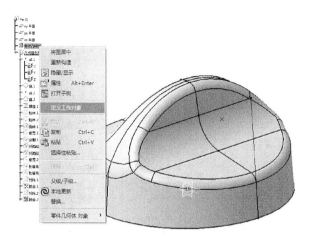

图 4 - 28　定义工作对象

㉓ 单击图标 ,创建加厚曲面.1,如图 4 - 29 所示。

㉔ 单击图标 ,创建实体分割.1,如图 4 - 30 所示。

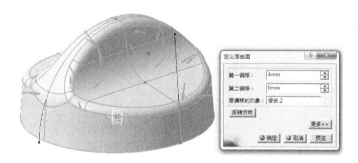

图 4 - 29　创建加厚曲面.1

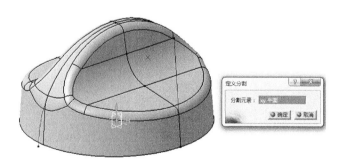

图 4 - 30　创建实体分割.1

㉕ 最终模型如图 4 - 31 所示。

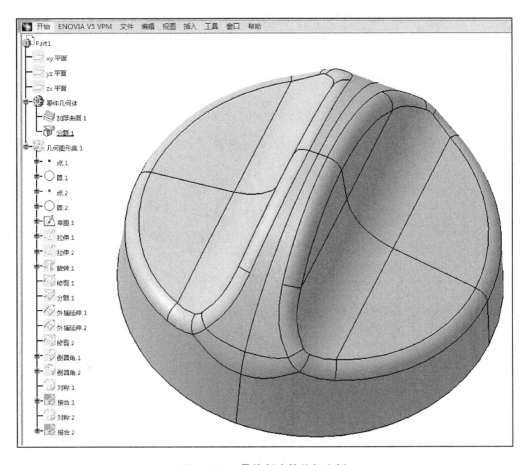

图 4-31　最终创建的旋钮实例

第 5 章 装配设计

装配设计(Assembly Design)是在完成零件建模的基础上,利用装配设计模块的各项功能,将多个零件体通过约束条件组合,最终装配成完整的产品。产品可由许多单一的零件组装而成,也可以由其他次装配产品所构成。在完成最终产品后,可以使用干涉工具检查装配件之间的干涉现象,并加以纠正。

5.1 装配设计工作台

1. 进入装配设计

打开 CATIA 以后,选择【开始】|【机械设计】|【装配设计】命令,启动装配设计模块如图 5-1 所示。

图 5-1 启动装配设计模块

2. 装配设计功能总览

装配设计模块启动后,进入装配设计环境,如图 5-2 所示。

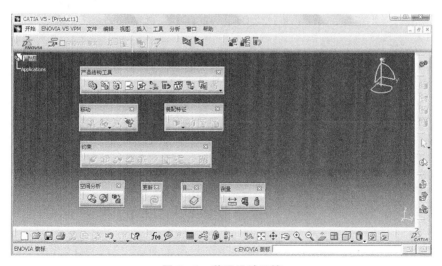

图 5-2 装配设计环境

5.2 装配约束规则

1. 装配约束的规则

在 CATIA 软件中装配约束需要满足以下规则,否则无法正常完成装配。

① 在激活的产品中,组件之间可以进行约束。

② 组件内部不能进行约束。

③ 激活产品的组件和未激活产品的组件之间不能约束,如图 5 - 3 所示。

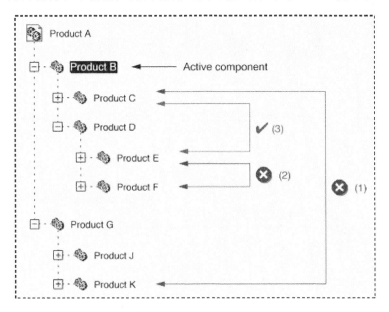

图 5 - 3 装配约束规则示意图

2. 约束与激活

① Product K 不属于 Product B. 所以不能约束,如果 Product A 激活就可以了。

② Product E 和 Product F 属于 Product D,虽然 Product D 属于 Product B,但是 Product D 必须被激活才可以完成约束。

③ Product C 属于 Product B,而且 Product B 被激活,同样 Product E 属于 Product D,而 Product D 属于 Product B,所以可以约束。

5.3 装配工具栏

在装配设计模块中,CATIA 借助产品特征树来传递装配信息,包括组成整个产品的零部件和约束关系,如图 5 - 4 所示。

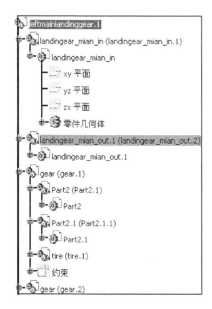

图 5-4 产品特征树

图 5-5 产品结构工具栏

1. 产品结构工具栏

产品结构工具栏(Product Structure Tools)是通过对结构树的操作来实现对装配体层次关系的构建和管理,如图 5-5 所示。产品结构工具栏包括组件 (Component)、产品 (Product)、零件 (Part)、已有组件 (Existing Component)、带位置的已有零部件 (Existing Component With Positioning)、替换组件 (Replace Component)、特征树重新排序 (Graph Tree Reordering)、编号 (Generate Numbering)、选择性的加载 (Selective - Load)、管理表达式 (Manager Representations)、快速多实例化 (Fast Multi Instantiation)和定义多实例化 (Define Multi Instantiation)。

介绍一下结构树中的 3 个概念:零件(Part)、组件(Component)和产品(Product)。

① 零件:零件(* .CATpart)是构成产品最基本的单位,如果把结构树打开至最底层,一定能够找到零件几何体。左键双击零件几何体,可以从装配设计环境进入零件设计环境,零件建模方法请参考第 3 章。

② 组件:组件是组成整个装配体的次装配,其本身可由零件、组件、产品组成。组件只在结构树上体现装配体的组织层次关系,保存整个装配体时并不会单独生成文件。

③ 产品:产品可以是最终装配体,也可以是次装配体,此时相当于组件,但在保存整个装配体时会生成(* .CATProduct)文件。产品可由零件、组件和其他产品组成。

组件 在空白装配文件或已有装配文件中添加组件。

产品 在空白装配文件或已有装配文件中添加产品。

零件 在空白装配文件或已有装配文件中添加一个零件。

已有组件 将已有的零件、组件或产品插入当前产品或者组件中。

带位置的已有零部件 能够实现在装配中插入部件的同时,对插入的部件简单定位。

替换组件 可将一个部件替换为同一系列的其他部件,也可将某一部件替换为与其完全不同的部件。

特征树重新排序 🖳 重新调整结构树中零部件的前后顺序。

编号 🖳 重新设置零部件编号。

选择性的加载 🖳 有选择地载入子装配或单个零件。

管理表达式 🖳 提供了对 V4 Model 格式文件在 V5 装配件中的关联设置。

快速多实例化 🖳 快速插入多个零件或子装配。

定义多实例化 🖳 通过定义方式来实现插入多个相同元素（单个零件或子装配）。

2. 移动工具栏

移动是指改变组件、部件或零件的位置和姿态，以便于下一步操作。注意此时并未添加约束，所以装配的自由度没有改变。移动工具栏包括操作 🖳（Manipulation）、捕捉 🖳（Snap）、智能移动 🖳（Smart Move）、分解 🖳（Explode）、碰撞时停止操作 🖳（Stop manipulate on clash）和移动工具栏，如图 5-6 所示。

图 5-6 移动工具栏

操作 🖳 使用鼠标移动零件或产品的位置和姿态。

捕捉 🖳 快速地平移或旋转零部件。

智能移动 🖳 将操作 🖳 和捕捉 🖳 两个功能组合起来的操作。

分解 🖳 在有装配约束的情况下的装配爆炸图。

碰撞时停止操作 🖳 装配零部件有可能产生碰撞，在操作零部件时如果此命令为选中状态则发生碰撞时会停止操作。

欲移动某零部件，首先必须双击此零部件的上一层父节点将其激活，使父节点变成蓝底白字，之后才能对零部件进行移动操作。其上一层节点之外的任何零部件都不能被移动。如图 5-7 所示，子装配 gear(gear.1)被激活，此时所有移动操作只能对 Part2(Part2.1)、Part2.1(Part2.1.1)、tire(tire.1)进行，而其他零部件比如 landingear_mian_in(landingear_mian_in.1)都不能移动。若想将 gear(gear.1)中 3 个零件作为一个整体一起移动，则需激活最上层节点 leftmainlandinggear.1。

3. 约束工具栏

在将装配体中的零部件移动到合适位置之后，给各零部件之间添加约束，降低其自由度，使各零部件成为一个整体，是约束工具栏的主要功能。与移动工具栏类似，在对零部件添加约束时，先要双击其父节点使其处于激活状态。

约束工具栏包括相合约束 🖳（Coincidence Constraint）、接触约束 🖳（Contact Constraint）、偏移约束 🖳（Offset Constraint）、角度约束 🖳（Angle Constraint）、固定部件 🖳（Fix Component）、固连 🖳（Fix Together）、快速约束 🖳（Quick Constraint）、柔性/刚性子装配 🖳（Flexible/Rigid Sub-Assembly）、更改约束 🖳（Change Constraint）和 🖳（Reuse Pattern），如图 5-8 所示。

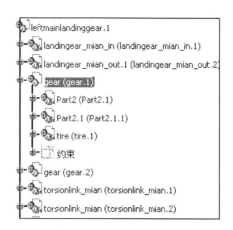

图 5-7　激活父节点

图 5-8　约束工具栏

相合约束 用于设置零部件上点、线（包括轴线）、面等几何元素的相合来添加约束。可设置相合约束的几何元素，如表 5-1 所列。

表 5-1　可设置相合约束的几何元素

	点	直线	平面	曲线	曲面	轴系
点						NA
直线				NA	NA	NA
平面			NA	NA	NA	
曲线		NA	NA	NA	NA	NA
曲面		NA	NA	NA	NA	NA
轴系	NA	NA	NA	NA	NA	

注：NA 表示不可应用。

接触约束 是指两个面（包括曲面）之间产生接触而行成的约束。其公共区域可能是一个平面（面接触）、一条线（线接触）或一个点（点接触）。

可设置的接触约束的几何元素如表 5-2 所列。

表 5 - 2 可设置接触约束的几何元素

	平面	圆柱	球面	圆锥	圆
平面				NA	NA
圆柱		(1)	NA	NA	NA
球面		NA	(2)	(4)	(4)
圆锥	NA	NA		(3)	(4)
圆	NA	NA	(4)	(4)	NA

注:NA 表示不可应用。

平面可以一张平面或一张平坦的曲面。

: 面接触。

: 线或环形接触。

: 点接触。

① 圆柱面半径相等时可进行圆柱面间的面接触。接触约束结果等效于相合约束,即圆柱面看上去已合并。

② 球面半径相等时可进行球面间的面接触。接触约束结果等效于相合约束,即球面看上去已合并。

③ 圆锥面半径相等时可进行圆锥面间的面接触。接触约束结果等效于相合约束,即圆锥面看上去已合并。

④ 环形接触。

偏移约束 可以添加两元素之间距离的约束。可以选择的几何元素如表 5 - 3 所列。

表 5 - 3 可设置偏移约束的几何元素

	点	直线	平面
点			
直线			
平面			

注:点可以是一个点、球心、圆锥的顶点。

线可以是直线、圆柱的轴线、圆锥的轴线。

面可以是一张平面或者一个平坦的面。

角度约束![icon]可以在两个线(包括轴线)或面之间建立一定角度的约束。

固定部件![icon]用于固定某零部件的位置,其余零部件将以此为参考,最终使得装配体自由度为 0,即完全约束。

固连![icon]将多个零部件按照已有的相对位置固定在一起,当移动时将视为一个实体整体移动。

快速约束![icon]根据【工具】|【选项】|【机械设计】|【装配设计】|【约束】的快速约束优先级设置,直接选取两零部件,由程序自动给出约束。

装配时插入子装配组件,系统将把组件作为一整个刚体,组件内部各零部件相对位置不变。柔性/刚性子装配![icon]可以使组件与其他组件的约束关系转换为其内部零部件与其他组件的约束,在其约束范围内运动。

更改约束![icon]可以改变已定义好的约束。

4. 参考装配特征工具栏

参考装配特征工具栏中的命令是对几个零部件之间几何元素执行布尔运算从而改变部件外形。参考装配特征工具栏包括分割、孔、凹槽、添加和移除,如图 5-9 所示。

分割![icon]领用任意一个面(可以是零件上的曲面)分割其他零件,已达到修改零件外形的目的。

孔![icon]类似与零件设计模块中的孔功能,可以在装配环境下给多个零件一起打孔。

凹槽![icon]类似与零件设计模块中的切除功能,可以对装配体中多个零件一起做切除创建凹槽。与孔功能类

图 5-9　参考装配特征工具栏

似,不同点在于创建凹槽之前先要创建凹槽轮廓线,轮廓线的创建与实体建模的草图一样,其余步骤与孔的创建一样。

添加![icon]使用布尔运算将一个零件的外形添加到另一零件上。

移除![icon]使用布尔求差在一个零件移除另一零件的外形。

5. 空间分析工具栏

在完成装配后,可以对装配体进行空间分析,以检测装配产品中各零部件之间的关系,找出存在的问题,以便下一步修改。

空间分析工具栏包括碰撞、切割、距离和区域分析![icon](Distance and band Anlysis),如图 5-10 所示。

碰撞![icon]检查零部件间的干涉情况。

切割![icon]通过截面剖视零部件,以便观察装配情况。

距离和区域分析![icon]测量零部件之间的最小距离。

图 5-10　空间分析工具栏

5.4 实例练习

本节将介绍图 5-11 所示齿轮泵装配体装配过程的示范装配设计模块应用的基本流程。

① 新建一个装配文件,命名为 chilunbeng. CATProduct。

② 单击结构树中的"chilunbeng"节点,选择【插入】|【现有部件】,或单击现有部件 按钮,打开光盘所在文件夹,选择零件"BengTi. CATPart",添加泵体零件模型。

③ 选择菜单【插入】|【固定】命令,或单击约束工具栏的修复部件 按钮,然后选择结构树上的泵体零件 BengTi. CATPart,添加固定约束,此时零件模型上会出现绿色船锚符号,如图 5-12 所示。

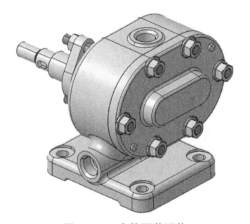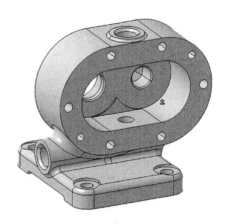

图 5-11 齿轮泵装配体   图 5-12 泵体零件添加固定约束

④ 单击结构树中"chilunbeng"节点,选择【插入】|【现有部件】,或单击产品结构工具栏的现有部件 按钮,选择零件"CongDongChiLunZhou. CATPart"添加从动齿轮轴零件某型。

⑤ 单击"CongDongChiLunZhou. CATPart"节点,选择【编辑】|【移动】|【操作】,或单击移动工具栏的操作 按钮,弹出操作对话框,拖动或转动从动齿轮轴,移动零件并调整零件姿态如图 5-13 所示,以方便添加约束。

⑥ 选择【插入】|【相合】命令,或单击约束工具栏的相合约束 按钮,分别选取齿轮轴和泵体轴孔轴线(见图 5-14),添加两轴线的相合约束。

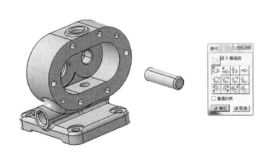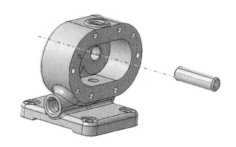

图 5-13 使用操作对话框移动从动齿轮零件   图 5-14 选取相合轴线

⑦　选择【插入】|【偏移】命令,或单击约束工具栏的偏移约束 按钮,选取泵体内腔平面和齿轮轴靠近泵体的端面如图 5-15 所示。在"约束属性"对话框中"偏移"栏输入—12 mm,如图 5-16 所示。

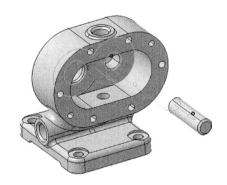

图 5-15　添加偏移约束　　　　　　图 5-16　约束属性对话框

⑧　选择结构树中"chilunbeng"节点,单击现有部件 按钮,选择零件"CongDongChiLun.CATPart"添加从动齿轮零件某型。使用指南针来移动零件,先确认上一级节点"chilunbeng"被激活(即为蓝底,否则双击激活)。鼠标移至指南针底盘中央,鼠标变为如图 5-17 所示样式,拖动指南针至从动齿轮上。在结构树上选择"chilunbeng"节点或直接选择齿轮模型,此时指南针变成绿色,操作指南针从而改变齿轮零件的位置和姿态至图 5-18 所示。之后选择【视图】|【重置指南针】命令,让指南针归位。

图 5-17　移动指南针　　　　　图 5-18　通过指南针移动零件

⑨　通过相合约束 命令使从动齿轮和齿轮轴定位同轴。

⑩　选择【插入】|【接触】命令,或单击约束工具栏的接触约束 按钮,选取泵体内腔平面和齿轮靠近泵体的端面如图 5-19 所示,添加接触约束。完成后选择【编辑】|【更新】,或单击更新工具栏按钮 ,得到的结果如图 5-20 所示。

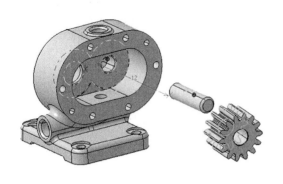

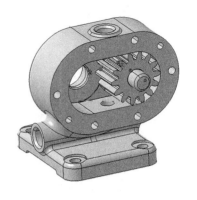

图 5 - 19　添加从动齿轮接触约束　　　　　图 5 - 20　完成从动齿轮装配

⑪ 添加零件"ZhuDongZhouChiLun. CATPart"主动齿轮,将其移动至合适位置,在齿轮轴与泵体轴孔之间添加相合约束　,使两者同轴。选取泵体内腔平面和齿轮靠近泵体的端面,添加接触约束　(见图 5 - 21),更新　后完成主动齿轮装配如图 5 - 22 所示。

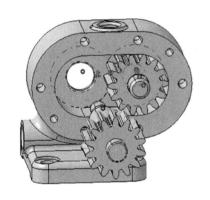

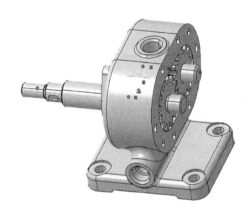

图 5 - 21　添加主动齿轮约束　　　　　　　图 5 - 22　完成主动齿轮装配

⑫ 添加"TianLiao. CATPart"填料,将其移动到合适位置,添加填料与泵体内锥面间的接触约束　(见图 5 - 23),这是两个圆锥面之间的接触约束,更新　后结果如图 5 - 24 所示。

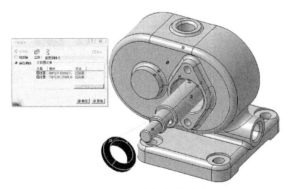

图 5 - 23　添加填料约束　　　　　　　　　图 5 - 24　添加填料

⑬ 添加零件"TianLiaoYaGai.CATPart"端盖,将其移动到合适位置,添加端盖与泵体之间的同轴相合约束 ⚙ 和端盖与填料的锥面接触约束 🔲（见图 5 - 25）,更新 ⚙ 后完成端盖装配,结果如图 5 - 26 所示。

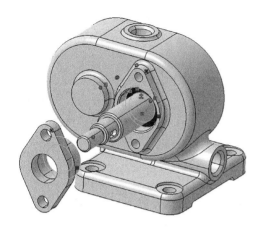

图 5 - 25　添加端盖约束

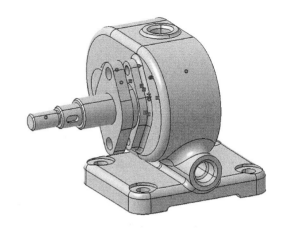

图 5 - 26　完成端盖装配

⑭ 添加零件"LuoZhu36.CATPart"螺柱,约束为螺柱与泵体螺纹孔同轴相合约束 ⚙,及端面之间的偏移约束 ⚙,设置偏移约束中两面距离为 -6 mm,结果如图 5 - 27 所示。

⑮ 添加零件"LuoMu.CATPart"螺母,约束为与螺柱的同轴相合约束 ⚙,和端盖表面的接触约束 🔲,更新 ⚙ 后结果如图 5 - 28 所示。

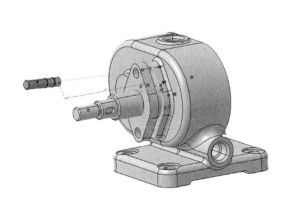

图 5 - 27　添加螺柱约束

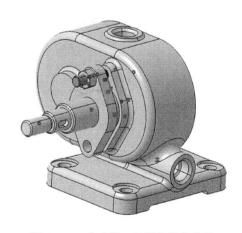

图 5 - 28　完成第一组螺柱螺母装配

⑯ 选择【插入】|【定义多实例化】命令,或单击产品结构工具栏上的定义多实例化 ⚙ 按钮,弹出"多实例化"对话框,"要实例化的部件"选项选择结构树中的"LuoZhu36.CATPart",设置如图 5 - 29 所示,添加第二个螺柱零件。按步骤⑬、⑭完成第二个螺柱的装配。同理完成其相应螺母的装配,结果如图 5 - 30 所示。

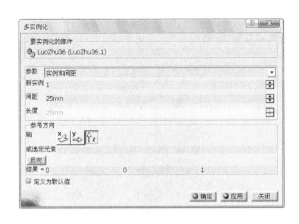

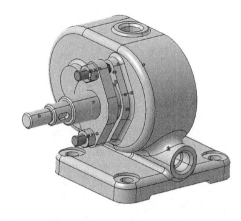

图 5-29　多实例化对话框　　　　　　　　图 5-30　完成端盖螺柱螺母装配

⑰ 添加零件"DianPian. CATPart"垫片和"BengGai. CATPart"齿轮泵盖,分别添加销钉孔的同轴相合约束 🖉 和对应面的接触约束 🔄,如图 5-31 所示。更新 🔄 后完成垫片和泵盖的装配,结果如图 5-32 所示。

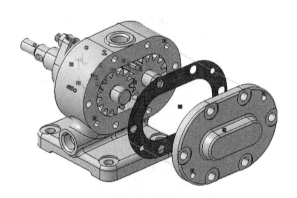

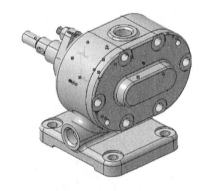

图 5-31　添加垫片和泵盖的约束　　　　　　图 5-32　完成垫片和泵盖装配

⑱ 参照步骤⑬、⑭和⑮,添加零件"LuoZhu32. CATPart"、"DianQuan. CATPart"、"LuoMu. CATPart"、"Xiao. CATPart"完成齿轮泵盖一端的螺柱、垫片、螺母和销钉的装配,在结构树上右击约束节点,选择"隐藏",结果如图 5-33 所示。

⑲ 选择空间分析工具栏的碰撞 🔄 按钮,"类型"选择在所有部件,可检查零部件之间干涉情况,如图 5-34 所示。

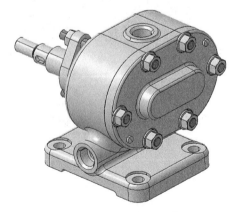

图 5-33　完成齿轮泵装配

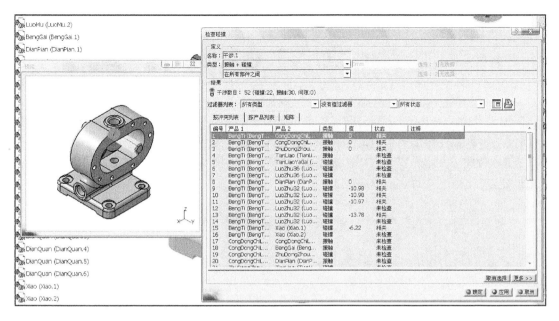

图 5-34　干涉检查

第6章　工程图设计

装配设计(Assembly Design)完成产品的设计后,有一项相当重要的工作就是生成工程图面(Drafting)。现在图纸仍旧有着相当重要的地位,其便利性与严谨的绘制标准,在加工时扮演十分重要的角色,加工厂可以从工程图中,清楚了解设计者对工件的要求,如热处理,抛光,表面粗糙度,焊接规格与其他特殊要求。

6.1　工程图设计工作台

本节将介绍如何进入工程图单元,基本的使用方法,如何更改基本设置,哪些是图面的组成组件,以及一些使用上需要注意的概念等。

启动 CATIA 之后,进入工程图单元,如图 6-1 所示。

图6-1　进入工程图工作台

6.2　工程图设计功能介绍

工程图模块可以从三维物体产生二维工程图,或者是直接画出二维工程图,两者可以共存在一个图纸上,但是两者所适用的功能不完全相同,使用时要特别注意。工程图单元可以输出,输入多种格式的文件,包括常使用的 AutoCAD dwg,dxf 格式,方便与其他 CAD 系统交流。

工程图单元主要工作的区域可以分为两区,如图 6-2 所示,左边的特征树表示一张 Drawing 可由多张图纸和细节图纸组成,每张图纸 □ 代表一张工程图纸,一张图纸又可以分为工作视图与背景视图,虽然工作视图与背景视图可以同时显示,但当处于工作视图时,不可以编辑属于背景的对象,反之亦然。工作视图处理的是工程图要表示的图面内容,如尺寸标注、各个不同方向的视图;而背景视图则是放置图框与材料窗体的地方。这两者可以在【编辑】

|【工作视图】与【图纸背景】命令间切换。当处在工作视图时，只会出现【图纸背景】命令，反之亦然。因此可以判断目前的图纸编辑是工作图还是背景。

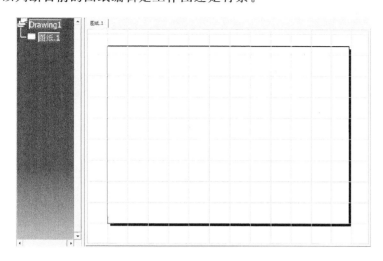

图 6 - 2　工程图工作区域

除了图纸外，还有细节页，预设名称以"页（细节）"方式表示。主要用来放置一些会被重复使用到的平面图，如一些特殊的标注符号、公司的综合文档等。在细节页里无法使用来自三维物体的投影视图。在"页"与"细节页"之下的是视图，视图是构成图纸的基础，一张工程图里面会有不同方向的视图，所以一张图纸里面可以包含好几个视图。在各个视图的切换方式，可以左键双击树形图里面的按钮，或者直接在视图上双击鼠标右键，视图的边框就会变成红色，代表正在使用中。

在页的左下角有蓝色的两个箭头，是坐标轴。图纸、细节页的坐标轴代表其图面的原点。对来自三维实体投影的视图，其坐标轴与源文档的坐标轴相同。对非三实体投影的视图，其坐标轴是独立的。

6.3　工程图设计工具栏

1. 视图工具栏

视图工具栏可以创建一组完整的视图。建立一个工程图时，常常首先建立视图，因为只有建立好视图后，才可以进行尺寸的标注等工作。视图（Views）工具栏包括正视图 (Front - View)、展开视图 (Unfolded View)、3D 视图 (View From 3D)、投影视图 (Projection View)、辅助视图 (Auxiliary View)、等轴测视图 (Isometric View)、高级正视图 (Advanced Front View)、偏移剖视图 (Offset Section View)、对齐剖视图 (Aligned Section View)、偏移截面分割 (Offset Section Cut)、对齐截面分割 (Aligned Section Cut)、详细视图 (Detail View)、详细视图轮廓 (Detail View Profile)、快速详细视图 (Quick Detail View)、快速详细视图轮廓 (Quick Detail View Profile)、裁剪视图 (Clipping View)、裁剪视图轮廓 (Clipping View Profile)、快速裁剪视图 (Quick Clipping View)、快速裁剪视图轮廓 (Quick Clipping View Profile)、断开视图 (Broken View)、局部剖视 (Breakout View)、添加 3D 裁剪 (Add 3D Clipping)、视图创建向导 (View Creation Wizard)、正视图、俯视图和左视图 (Front、Top and Left)、正视图、底视图和右视图 (Front、Bottom and Right) 和所有视图 (All Views)，如图 6 - 3 所示。

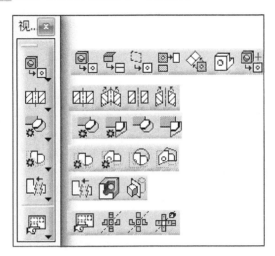

图 6 - 3　视图工具栏

正视图 产生工程图的正视图。

展开视图 专用于钣金单元的绘制工作，可以将钣金件展开。

3D 视图 可以将尺寸与公差单元中建立的三维对象与三维公差规格转换到工程图单元。

投影视图 可以产生图纸的投影视图，使用者先产生前视图，接着利用此功能从前视图继续增加新的视图。

辅助视图 用来建立辅助视图。

等轴测视图 由三维对象建立等轴视图。

偏移剖视图 建立全剖面与半剖面。

对齐剖视图 建立转正剖面视图，即把物体中与主要投影面不平行的部分，旋转至与主要投影平面平行位置所做的剖面视图。

偏移截面分割 只显示剖面分割功能视图中被剖开的部分，不显示其他轮廓的投影。

对齐截面分割 只显示转正剖面图中被剖开的部分，不显示其他的投影。

详细视图 利用一个可以缩放的圆框，来确定局部放大视图的范围。

详细视图轮廓 利用自行绘制的多边形框线，来确定详细视图的范围。

快速详细视图 在生成视图时不会将框选的无用去自动去除，以详细视图和快速详细视图为例，一个会计算圆框与对象投影的相交处，并且一虚线表示，另一个则不会计算，直接全部以虚线表示，节省计算时间。

快速详细视图轮廓 快速创建自定义范围的局部放大视图。

裁剪视图 利用一个可缩放的圆框，来修剪视图，产生局部视图。

裁剪视图轮廓 利用自行绘制的多边形框线，来修剪视图。

快速裁剪视图 创建通用裁剪视图的功能（裁剪范围为圆形）。

快速裁剪视图轮廓 创建自定义保留范围的裁剪视图。

局部视图 通过增加断开线来决定将要移除的视图区域,视图可以水平或者垂直的被打断。当一个零件较长,其间如无变化,可将其无变化部分将视图中断,产生局部视图,以节省图纸。

断开剖视 可以产生偏置剖面视图,达到凸现某个部分的目的。

添加 3D 裁剪 对已有投影视图在 3D 中进行裁剪,生成裁剪后的投影视图。此命令对于大型装配尤其有用。

视图创建向导 通过视图设置向导创建各个视图。

正视图、俯视图和左视图 同时创建正视图、俯视图和左视图。

正视图、底视图和右视图 同时创建正视图、底视图和右视图。

所有视图 创建所有视图。

2. 工程图工具栏

利用工程图工具栏可以产生新的图纸。图纸的功能就如同真实世界中的一张空白图纸,在图纸上能够可以建立图框,并加上顶视图、侧视图与剖面视图等不同方向的视图。而视图的功能,就是用来放置端视图和侧视图。因此,先建立图纸,才能在图纸上建立视图,透过完整的视图才能够清楚表示一个实体,工程图工具栏如图 6-4 所示。

工具栏的功能包括新图纸 (New Sheet)、新建详图 (New Detail Sheet)、新建视图 (New View)、实例化 2D 部件 (Instantiate 2D Component),如图 6-4 所示。

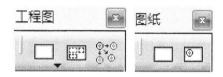

图 6-4　工程图工具栏

新图纸 在工程图文件中,产生新的图纸,并且可在不同图纸间切换,这样一个文件就可以包含数个工程图。

新建详图 用于在工程图文件中,产生新的细节图纸,可以在不同图纸间切换。新细节图纸的功能主要是用来建立二维对象。

新建视图 主要使用在图纸中,用来放置二维对象。一般情况下,由实体建立视图时,在图纸中会自动产生一个新视图。

实例化 2D 部件 可把存在的二维视图 ,链接到其他图纸上,并保持关联。

3. 生成尺寸工具栏

生成尺寸工具的功能包括生成尺寸 (Generate Dimensions)、逐步生成尺寸 (Generate Dimensions Step by Step) 和生成零件序号 (Generate Balloons),如图 6-5 所示。

图 6-5　生成尺寸工具栏

生成尺寸 可以从已经存在于三维对象上,建构模型的尺寸约束自动转换成标注。可以产生的标注种类有:距离、长度、直径与半径等。

逐步生成尺寸 由已经存在于三维对象上的约束,逐步的自动产生标注,可以产生的标注种类有:距离、长度、直径与半径等。

生成零件序号 在活动视图中生成在装配中所定义的零件序号。

4. 尺寸标注工具栏

利用尺寸工具栏可以在视图上产生各种不同的标注,包括长度、直径、尺寸、半径、螺纹以及倒角等标注。尺寸标注工具栏的功能包括尺寸 (Dimensions)、链式尺寸 (Chained Dimensions)、累积尺寸 (Cumulated Dimensions)、堆叠式尺寸 (Stacked Dimensions)、长度/距离尺寸 (Length/Distance Dimensions)、角度尺寸 (Angle Dimensions)、半径尺寸 (Radius Dimensions)、直径尺寸 (Diameter Dimensions)、倒角尺寸 (Chamfer Dimensions)、螺纹尺寸 (Thread Dimensions)、坐标尺寸 (Coordinate Dimensions)、孔尺寸表 (Hole Dimension Table)、坐标尺寸表 (Coordinate Dimension Table)、技术特征尺寸 (Technological Feature Dimensions)、多个内部技术特征尺寸 (Mutiple IntraTechnological Feature Dimensions)、链式技术特征尺寸 (Chained Technological Feature Dimensions)、长度技术特征尺寸 (Length Technological Feature Dimensions)、角度技术特征尺寸 (Angle Technological Feature Dimensions)、半径技术特征尺寸 (Radius Technological Feature Dimensions)、直径技术特征尺寸 (Diameter Technological Feature Dimensions)、重设尺寸 (Re-route Dimension)、创建中断 (Create Interruption(s))、移除中断 (Remove Interruption(s))、创建/修改裁剪 (Create/Modify Clipping)、移除裁剪 (Remove Clipping)、基准特征 (Datum Feature)、形位公差 (Geometrical Tolerance),如图 6-6 所示。

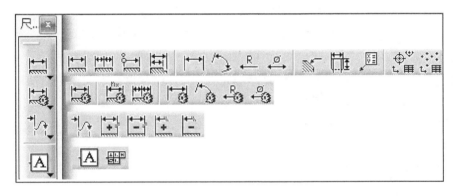

图 6-6　尺寸标注工具栏

尺寸 可以产生长度、角度或直径等的标注,CATIA 会依照选取的图形不同,自动判断适合的标注方式,十分方便。

链式尺寸 创建链式尺寸标注,如果要删除一个尺寸,所有的尺寸都被删除,移动一个尺寸使所有尺寸全部移动。

　　累积尺寸 以一个点或线为基准创建坐标式尺寸标注。与尺寸标注的差别是：累计尺寸功能所标示的尺寸是从起点开始积累,并且一次可以标注好几个尺寸。

　　堆叠式尺寸 以一个点或线为基准创建阶梯式尺寸标注。

　　长度/距离尺寸 标注长度和距离。

　　角度尺寸 标注角度。

　　半径尺寸 标注半径。

　　直径尺寸 标注直径。

　　倒角尺寸 标注倒角尺寸。

　　螺纹尺寸 标注螺纹尺寸。

　　坐标尺寸 标注坐标参数。

　　孔尺寸表 创建孔和中心线尺寸表(包含直径和中心坐标)。

　　坐标尺寸表 创建包含 2D 和 3D 点坐标的表。

　　技术特征尺寸 创建由特征指定的任何类型的技术特征尺寸(内部或之间)。

　　多个内部技术特征尺寸 创建由特征指定的技术特征内部尺寸类型(仅指定一个尺寸类型时),或创建由特征指定的优先技术特征内部尺寸类型(指定多个尺寸类型时)。

　　链式技术特征尺寸 创建由特征指定的技术特征之间的尺寸类型(仅指定一个尺寸类型时),或创建由此特征指定的优先技术特征之间的尺寸类型(指定多个尺寸类型时)。

　　长度技术特征尺寸 创建长度技术特征尺寸类型。当要创建除特征指定的优先类型以外的其他尺寸类型时,使用这其中的选项尤为有用。

　　角度技术特征尺寸 创建角度技术特征尺寸类型。

　　半径技术特征尺寸 创建半径技术特征尺寸类型。

　　直径技术特征尺寸 创建直径技术特征尺寸类型。

　　技术特征尺寸可为技术特征(如电气线束或结构加强肋)或在技术特征(例如结构加强肋)之间创建尺寸。

　　技术特征尺寸标注基于这样的事实,即技术特征可以指定对其进行尺寸标注的方式,可根据给定专业领域的知识创建完全真实的自定义的尺寸。

　　重设尺寸 根据与重设的尺寸类型兼容的新的几何图形元素重新计算尺寸。

　　创建中断 中断一个或多个尺寸的一个或多个尺寸线。

　　移除中断 恢复已经打断的尺寸线。

　　创建/修改裁剪 创建或修改裁剪尺寸线。

　　移除裁剪 移除修剪的尺寸线。

　　基准特征 创建公差的基准面与基准线。

　　形位公差 标注各种公差。

　　各种形位公差符号代表的意义如表 6-1 所列。

表 6-1　形位公差

⊿⊥≡	一	◻	○	⌀
无公差	直线度	平面度	圆　度	圆柱度
⌒	◠	∠	⊥	∥
线轮廓	曲面轮廓	倾斜度	垂直度	平行度
⊕	◎	＝	╱	⟂⟋
位置度	同心度	对称度	圆跳动	全跳动

5. 标题栏与物料清单工具栏

框架与标题块 ◻（Frame and Title Block）、高级物料清单 🔲（Advanced Bill of Material）和物料清单 🔲（Bill of Material），如图 6-7 所示。

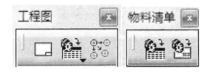

图 6-7　标题栏与物料清单工具栏

框架与标题块 ◻ 在图纸背景中插入边框和标题栏。

高级物料清单 🔲 在图纸背景中插入和修改一张高级物料清单。

物料清单 🔲 在图纸背景中将物料清单信息插入到活动视图中。

6.4　实例练习

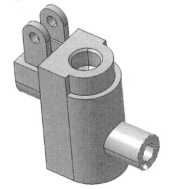

本节将以简单范例示范由实体零件绘制工程图。

① 打开本书光盘中所附范例文件 dizuo.CATPart，如图 6-8 所示。

② 选择【开始】|【机械设计】|【工程制图】命令，选择空图纸，如图 6-9 所示；单击修改按钮，弹出如图 6-10 所示对话框，在"图纸样式"选项中选择"A2ISO"，确定后进入一个空白的工程图界面。

图 6-8　工程图范例零件

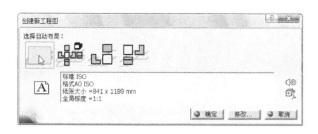

图 6-9　选择空图纸　　　　　　　图 6-10　选择 A2 图纸样式

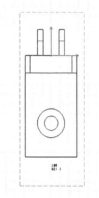

③ 选择【插入】|【视图】|【投影】|【正视图】命令,或单击正视图 按钮,按住 Ctrl 和 Tab 键,切换至零件建模模块界面,在零件上选择如图 6-8 中鼠标所选平面,系统自动返回工程图界面,单击空白处,生成主视图,如图 6-11 所示。

④ 选择【插入】|【视图】|【投影】|【投影】命令,或单击投影视图 按钮,在主视图下方生成俯视图。

⑤ 选择【插入】|【视图】|【截面】|【偏移剖视图】命令,或单击偏移剖视图 按钮,在主视图中沿中线画出要剖的截面,双击鼠标,在主视图右边得到所需的剖面,如图 6-12 和 6-13 所示。

图 6-11　主视图

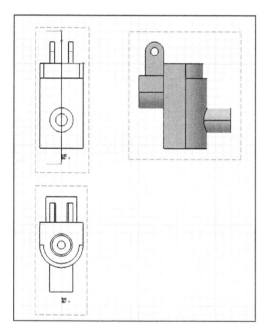
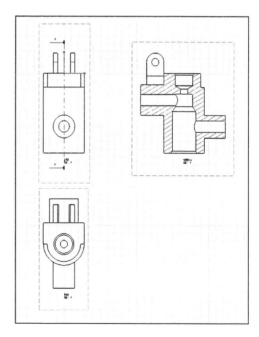

图 6-12　剖面视图预览　　　　　　图 6-13　生成剖面视图

⑥ 双击剖视图边框,此时视图被激活,边框由蓝色变为红色,如图 6-14 所示。选择【插入】|【视图】|【详细信息】|【详细信息】命令,或单击详细视图 按钮,在剖视图上选择如图 6-15 所示的区域,在剖面视图下方生成详细视图,如图 6-16 所示。

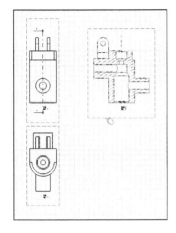

图 6-14　激活剖视

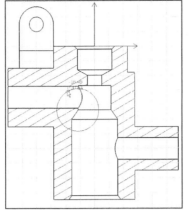

图 6-15　详细视图放大区域

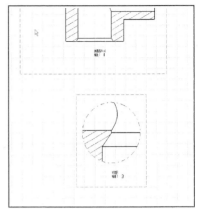

图 6-16　生成详细视图

⑦ 选择【插入】|【生成】|【生成尺寸】|【生成尺寸】命令,或单击生成尺寸 按钮,弹出尺寸生成过滤器对话框(见图 6-17);单击确定按钮,尺寸自动生成,手动调整将尺寸移动到合适位置,如图 6-18 所示。

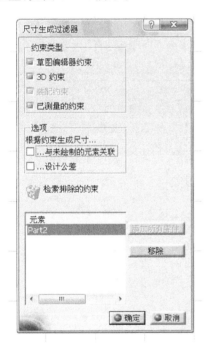

图 6-17　尺寸生成过滤器

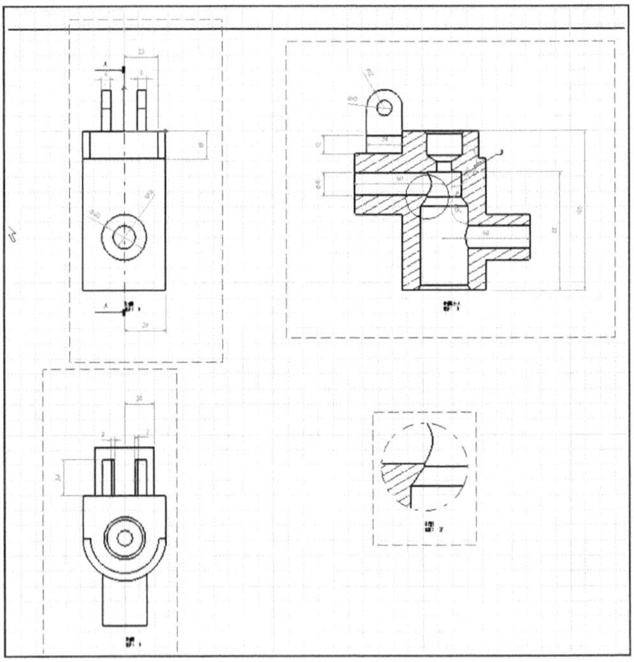

图 6-18　生成尺寸

⑧ 若自动生成的尺寸有重复,将其删除;若有不足,手动标注将其补充完整。

⑨ 进入【编辑】|【图纸背景】,选择【插入】|【工程图】|【框架和标题节点】命令,或单击框架和标题节点 按钮,弹出"管理框架与标题块"对话框(见图 6-19),在"标题块样式"选项中选择合适的标题框。

⑩ 选择【插入】|【标注】|【文本】|【文本】命令,或单击文本 T 按钮,在标题栏中写上零件名

称，如图 6-20 所示。右击所写文档名称，选择"属性"，在"字体"选项中"大小"选择"20 mm"（见图 6-21），同理完成整个标题栏。若有零件加工要求，按照相同方法填写。

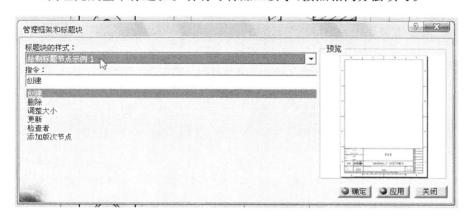

图 6-19　选择标题框样式

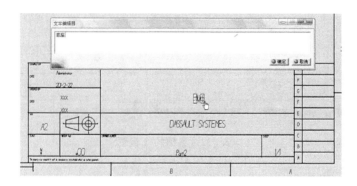

图 6-20　标题栏

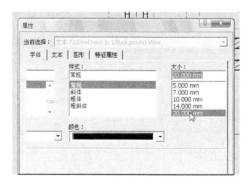

图 6-21　选择字体大小

⑪ 选择【编辑】|【工作视图】退出标题栏的编写，最终得到完成的工程图如图 6-22 所示。

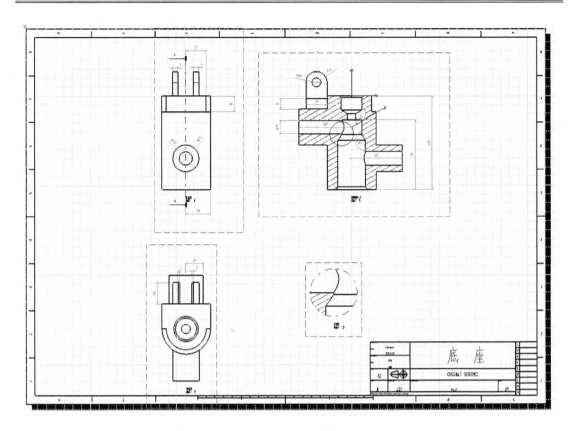

图 6 - 22 最终的工程图

第二篇 CAA 二次开发篇

第7章 CAA 二次开发的基础知识

对于初入学习 CAA 二次开发者来说,了解二次开发的基本概念,熟悉 CATIA 的窗口要素以及帮助文档的使用是首先应该掌握的内容;其次,熟悉编程文件结构以及预定义文件的作用是进行工程结构设计和程序正确编译的关键;同时,为了帮助大家提高开发的效率以及对程序的阅读力,章节最后给出了编者从事开发的习惯建议,希望帮助读者快速打开基于 CAA 的 CATIA 二次开发之门。

7.1 二次开发基本概念

二次开发就是将通用化的 CAD(Computer Aided Design)软件用户化、本地化的过程,即以 CAD 软件为基础平台,研制开发符合国家标准、适合企业等实际应用的用户化、专业化、集成化软件。国内外的 CAD 软件大多建立在通用应用平台上,不能满足针对各种专业领域的产品快速设计的需要,必须使用 CAD 二次开发技术。

一般经过二次开发后的 CAD 应用软件具有良好的人机界面,并融进了大量专业设计人员的经验,从而提高了设计人员的设计效率和产品质量。成熟的 CAD 软件一般都给用户提供二次开发的接口,如 AutoCAD 的 ObjectARX 、CATIA 的 CAA、UG 的 NX Open 等。

CAD 软件的二次开发应该遵循工程化、模块化、标准化和继承性等原则。可以应用到的二次开发包括以下几个方面:

① 用户化定制 CAD 环境:包括提供用户化 CAD 规范;提供用户化标准件库;定制用户化 CAD 界面等。

② 开发 CAD 软件平台上的用户专用模块:开发 CAD 软件没有提供的及功能不能满足用户要求的专用模块,例如 CAPP 软件、DFA 软件、DFM 软件、CAD/CAE 接口软件等。实现现有模块以外的、其他未购买的模块的功能。

③ 建立参数化模型库:使用数据文件形式存放参数值,也可以使用数据库管理系统建立新系统存放参数值。

④ 新特征的开发:可以开发自己需要的设计特征和制造特征的统一。

7.2 CATIA 二次开发方式

1. CAA

（1）基本概念

软件组件结构(SCI)是软件工程继过程模型和面向对象模型的下一代逻辑模型。面向对象技术只能通过重用类库已有的类来实现有限的重用,而软件组件结构(SCI)提供了最高层次的代码重用。软件组件结构有三个基本的概念:框架(Framework)、组件(Component)和对象总线(Products Bus)。

① 组件(Component):是软件的基本量子(单元)。组件的特征提供了将一个应用程序分成若干个组件的机制。每个组件提供了一个专门的功能,它向框架的其余部分描述自己,以便别的组件能够访问它的功能。它必须通过使用框架或对象总线来实现组件之间的交互。

② 框架(Framework):框架提供对所有应用程序有用的功能(如接口、存储)。框架是对相似应用程序集合的一个部分(统一但不完整)解决方案。开发者的任务是用这不完整的解决方案加上必要的代码建立完整的应用。在领域(DOMAIN)内的一个应用包括不变部分和可变部分。开发者通过向框架添加变化部分的代码把握其动作,而形成新的特定应用。

③ 对象总线:对象总线是基本的中间件。这种作用对对象来说是完全透明的。对象总线把组件和框架的能力扩展到开放网络和其他伙伴应用程序。对象总线不仅提供对象之间的连接,它还提供对在总线上所有对象都有用的核心服务集(对象服务)。

通过组件构造/修改软件,用框架把握软件结构,用对象总线连接事务,支持即插即用(Plug&Play)功能的扩展。

（2）CATIA V5 体系结构的特点分析

CATIA V5 采用了多种支持组件技术的软件技术,如 JAVA、COM/DCOM、CORBA 等,内部模块全部采用 CNEXT(CATIA 内部使用的一种 C++语言)实现,结构单一。提供了多种开发接口,支持 C++/JAVA、Automation API,支持各种开发工具:CAA C++,JAVA,VB 和脚本语言。采用单继承,对象之间关系明确,体系结构严谨,维护容易。

根据 CAD 软件的特点和实际需要,CATIA 的设计模式比较简单,主要有工厂模式、层模式等。在面向对象的编程中,工厂模式是一种经常被使用到的模式。根据工厂模式实现的类可以根据提供的数据生成一组类中某一个类的实例,通常这一组类有一个公共的抽象父类并且实现了相同的方法,但是这些方法针对不同的数据进行了不同的操作。

CATIA V5 面向对象和基于组件的体系结构很好地实现了面向对象(OO)设计原则中的抽象(Abstraction)、封装(Encapsulation)、模块化(Modularity)和分层(Hierarchy),为 CATIA V5 日后的发展和伙伴及专用应用程序的开发奠定了良好的基础。用户可使用各种开发工具,甚至简单的脚本语言来开发自己的应用。

分析掌握 CATIA V5 的组件体系结构对基于 CAA 的开发应用有着重要的意义。

（3）组件应用架构(CAA)

包括 CAITA 在内的 Dassault Systemes 系列产品和解决方案得利于开放式,可扩展的模块化开发架构 CAA,使得全球诸多开发商可以参与 Dassault Systemes 的研发。

组件应用架构(Component Application Architecture,CAA),是 Dassault Systemes 产品

扩展和客户进行二次开发的强有力的工具。Dassault Systemes 已形成六大支柱产品,通过 PPR HUB 进行集成,对产品的生命周期进行全方位管理。应用 CAA 开发需要了解 CATIA V5 的体系结构。

对客户而言,CAA 可以进行从简单到复杂的二次开发工作,而且和原系统的结合非常紧密,如果没有特别的说明,无法把客户所研发的功能从原系统中区分出来,这非常有利于用户的使用和集成。

CAA 产品的架构的组件是 CAD/CAM 系统的各种几何特征和管理、分析单元。框架是一些应用如:2D/3D 建模、分析、混合建模、制图、数控加工等,CATIA V5 也称为领域(DO-MAIN)或应用(APPLICATION)。并通过 3D PLM PPR(PRODUCTS,PROCESS,RE-SOURCE)HUB 产品总线连接起来,其架构图如图 7-1 所示。

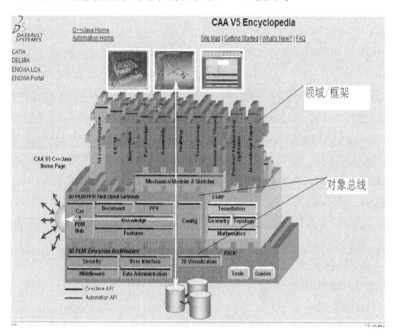

图 7-1　CAA 架构图

CAA 架构全面反映了 Dassault Systemes 几大产品之间的关系。在 CAA 架构的支撑之下,Dassault Systemes 系统可像搭积木一样建立起来,这种结构非常适宜于系统的壮大和发展。与前面的 Automation 架构图可以做比较,相比之下其框架更多,对象总线更复杂,功能也更强大。

对用户而言,CAA 可以进行从简单到复杂的二次开发工作。使用嵌入式开发方法生成的功能模块可以和原系统紧密结合。如果没有特别的说明,一般情况下使用者无法把通过二次开发实现的功能从原系统中区分出来,这一特点对用户使用和集成来说非常有利。使用独立运行模式开发的应用程序(外部程序)可以脱离 CATIA 主程序环境独立运行,通过不同的功能模块接口,可以将大部分 CATIA 功能集成进来,加上必要的功能扩展,实现一个完全客户化的二次开发应用程序平台。夸张一点说,如果对 CAA API 有了深刻的理解,那么用户利用外部程序完全可以开发出一个自己的 CATIA。

Dassault Systemes 提供的 CAA 产品包括如下内容:

- CAA RADE 快速开发环境,基于 Microsoft Visual Studio;
- CAA CATIA V5 API,CATIA V5 应用开发工具;
- CAA ENOVIA LCA V5 API,ENOVIA LCA 应用开发工具;
- CAA DELMIA V5 API,DELMIA V5 应用开发工具;
- CAA ENOVIA PORTAL V5 API,ENOVIA PORTAL V5 应用开发工具。

CAA 的实现是通过提供的快速应用研发环境 RADE 和不同的 API 接口程序来完成的。如果我们对 CATIA 进行开发则需要 CAA RADE 快速开发环境和 CAA CATIA V5 API 这两个部分。

(4) CAA RADE 介绍

快速应用研发环境 Rapid Application Development Environment(RADE)是一个可视化的集成开发环境,它提供完整的编程工具组。RADE 以 Microsoft Visual C++ 为载体,开发工具完全集成在 VC++ 环境中,并且提供了一个 CAA 框架程序编译器。可以说 CATIA CAA - RADE 是目前所有高端 CAD/CAM 开发环境中最为复杂、同时也是功能最为强大的一个。

Dassault Systemes 为了帮助用户熟悉 CAA RADE 的开发环境和工具并且说明各个应用模块的使用方法,在 CAA 产品中提供了许多应用范例,如 CATIA CAA V5R13(V5R12 版以前称为 CATIA CAAAPI)提供了从基础图形显示接口、嵌入式(生成 DLL 由 CATIA 调用)程序框架、独立运行(生成 .exe 可独立运行)程序框架到产品设计、工程分析,虚拟仿真、加工制造等多个开发范例组。在安装 CATIA API 时,应用范例存储在 CATIA 安装目录下的 CAADoc 文件夹中。所有范例组文件夹以 .edu 结尾。其中包含了多个以 .m 结尾的子文件,存放实现特定功能的程序文件(.h 和 .cpp 文件)。用户可根据需要对范例进行修改,使之变成自己的产品。

目前 CAA RADE 有五个配置软件包,常用到是其中的 CDC(CAA - C++ Extended Development)软件包,也就是说需要拥有 RADE 的这个协议。CDC 提供与 C++ 共存的开发环境,即对 C++ 开发环境的客户化。

安装完毕后进行 RADE 产品的认证和环境的设置,并在 VC 中选择与 CAA RADE 有关的宏,这样 CAA RADE 便集成到 Microsoft Visual C++ 中了。此时 VC 的菜单也有了一定的扩展性,集成后的菜单如图 7 - 2 所示,可以看到与原来的不同。

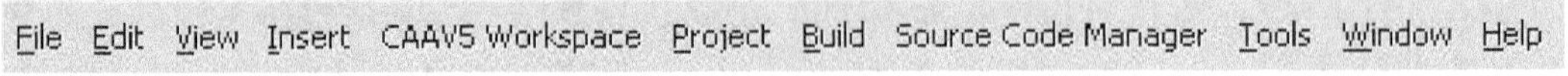

File　Edit　View　Insert　CAAV5 Workspace　Project　Build　Source Code Manager　Tools　Window　Help

图 7 - 2　集成 RADE 后的 VC 菜单

菜单增加了 CAA V5 Workspace 和 Source Code Manager,其实其子菜单也得到了扩展,如图 7 - 3 所示,以 Insert 和 Build 为例。图(a)中 Insert 中增加了插入 CAA V5 类、组件、接口以及 CATIA 资源(包括对话框和相应)等,图(b)中的 mkmk 即为 CAA 开发的编辑工具,它会将包括 CATIA 的必要的资源进行自动整合。

一个 CAA 工程的执行的方法主要有 3 种:第一种是 debug mode;第二种是通过打开运行时间窗口(Runtime window)输入 cnext,这种方式用于系统建立的是 DLL 动态链接库,系统会在运行 CATIA 自动调用该目录下的动态链接库。第三种是用 catia 的 Environment Edi-

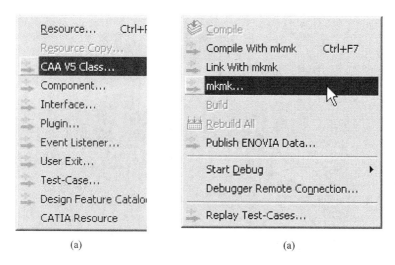

(a)　　　　　　　　　　　(a)

图 7 - 3　集成 RADE 后的 Insert 和 Build 子菜单

tor,此种方法可以建立一个 CATIA 的启动的快捷方式,并包含某个 CAA 工程。

　　另外应注意一点,虽然 CAA RADE 对 MS VC++有很好的集成性,但同时在一个 CAA 工程中,MS VC++原有的部分功能不能使用,比如 MFC ClassWizard,一些 API 插件也不能使用。

2. VBA

　　大多数 CAD/CAM 软件都支持宏操作,可以对生成的宏文件的修改添加判断、循环、选择等条件,再重新运行,便是一个开发过程。这种方式直接、容易,可以用来实现一些简单功能,属于手动操作的自动化、条件化和重新整合。CATIA 的宏可以使用 VBScript 作为编辑工具,使用起来非常方便。而且还专门提供了 Automation API 用于 VBScript 对 CATIA 的二次开发,其架构如图 7 - 4 所示。

　　可见,其 API 的模块与 CATIA 的模块基本上是对应的,能完成一定的功能,特别是对于一些操作的录制并集成、扩展其功能。但其缺点是功能有限,不适合做一些底层的开发,也不具备灵活性,运行不方便。

　　(1) 宏语言

　　宏是一系列组合在一起的命令和指令,以实现多任务执行的自动化。

　　CATIA 具有宏的录制功能,即在启动宏录制命令后的所有操作都将用脚本语言来记录,并生成脚本文件。宏在 CATIA 中的应用非常广泛,它与 CATIA 的内核及内部函数的调用集成得很好。

　　宏可以用下列几种脚本语言编写,这取决于操作系统:

● BasicScript 2.2 sdk,用于 Unix;

● VBScript,Visual Basic 的脚本语言,用于 Windows NT 系统;

● JScript,Javascript 的一种应用,用于 Windows NT 系统。

　　包括 CAITA 在内的 Dassault Systemes V5 的产品在 Unix 系统支持 BasicScript 2.25 以上的版本,在 Windows 系统下支持 VBScript 5. x 以上的版本的脚本语言来记录宏。具体来说,CAITA 可以以两种语言方式来录制宏,分别为 CATScript 和 MS VBScript。

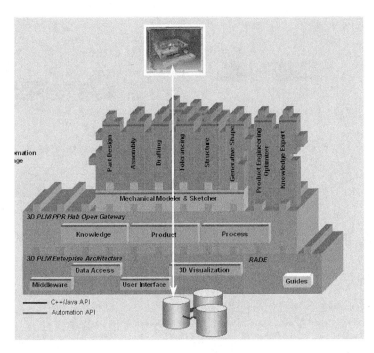

图 7 - 4　Automation API 结构图

（2）CATScript 语言

使用 CATScript 语言生成的宏记录文件为＊.CATScript 格式。这种方式下不使用 VB 编辑器，只是在文本的状态下编辑和运行脚本语言。因此只能应用简单的 InputBox() 和 Ms-gBox() 函数来分别输入数据和弹出消息对话框显示信息，不能生成复杂的对话框，所以有了一定的局限性。

（3）MS VBScript 语言

VBScript 是一种脚本语言，与 Basic 语言有密切关系。VBScript 是 Microsoft Visual Basic 的简化版本，是 Visual Basic 的子集，编程方法和 Visual Basic 基本相同。但是，相当多的 Visual Basic 特性在 VBScript 中被删去了。VBScript 语言虽然是特意为在浏览器中进行工作而设计的，但同时可用于各种软件，其在各软件中的创建和运行基本相似。CATIA 等一些 CAD 软件使用了 VBScript 语言来记录宏。

为了克服 CATScript 语言方式的一些不足，需要进一步复杂的开发，可以采用 MSVB-Scipt 语言方式进行宏开发，即 VBA 的开发方式，生成＊.catvba 格式的文件。这样可以加入对话框及一些控件，CAA V5R8 以上的版本支持这种开发方式。系统安装 Microsoft Visual Basic 后，可在 CATIA 系统菜单 Tools 下的子菜单 Macro 里直接进入 Visual Basic 编辑器进行编辑。

（4）开发步骤

基于宏的 CATIA 的二次开发的可以分为三个步骤。

● 启动录制宏（macro）：记录已进行的操作，选择 CATScript 和 MS VBScript 两种语言之一。则分别生成＊.CATScript 和＊.catvba 文件，记录了已进行的全部操作并以 VBScript 语言描述。

- 修改创建后的宏：CATScript 语言只须用文本编辑方式即可，而 MS VBScript 方式则可打开 VB 编辑器进行编辑，并可以插入多个对话框和模块较前一种方式有了一定的扩展。
- 运行修改后的宏。

对于熟练的开发者可以省略第一个步骤，直接新建 ＊.CATScript 文件并应用 VBScript 语言结合 CAA Automation API 完成。

（5）运行方式

宏可保存于内部文件，也可保存于外部文件，所以首先在宏窗口的左下角的下拉框中选择是内部文件还是外部文件。如果是内部文件，则在宏窗口的文本框中会显示已创建的一系列宏，选择需要的宏，按下 Run 按钮，宏结果就可显示于窗口内。如果是外部文件，则选择宏 Select 按钮，选择宏所在的文件目录，然后即可运行，同样，宏结果也显示于窗口内。

上面是宏的直接运行的方式，当然，也可以把一个宏文件选择一个图标按钮关联，并将它放置在某个工具条内，运行的时候单击图标即可，如图 7-5 所示。

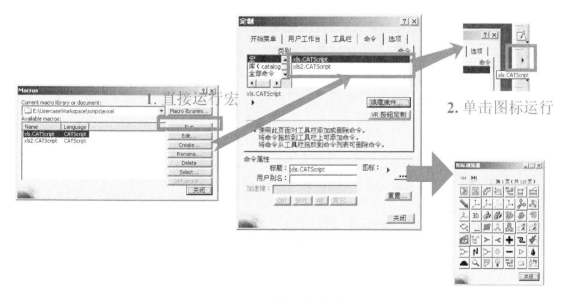

图 7-5　宏的两种运行方式

7.3　CAA 开发环境说明

CAA（Component Application Architecture）是进行 CATIA 二次开发的 API 库，而 RADE（Rapid Application Development Environment）是基于 VS 搭建的一个专门的开发环境，编译则通过该开发环境提供的 mkmk 命令进行处理。因而，搭建 CAA 开发环境需要安装 VS＋CATIA＋CAA＋RADE，但需要注意的是 CAA 和 RADE 的版本需要同 CATIA 版本匹配，表 7-1 是常见 CAA 二次开发环境的配置方案。在本书中，代码和示例均基于 CATIA V5R19＋VS2005 进行说明，但适用不限于此。对于开发环境的安装，读者还请自行参考外部资料进行操作，本书不作赘述。

表 7-1　常见配置方案

VS 版本	CATIA 版本
VC 6.0	CATIA V5R14
VS 2005	CATIA V5R18 – V5R20
VS 2008	CATIA V5R21 – V5R24
VS2012	CATIA V5R25 – V5R26

1. 安装目录

CAA 安装目录提供了各类参考,在后续开发过程中,可用于查阅。百科全书(技术文章、用户示例、快速引用)和百科例子是经常接触的两个参考,其中,百科例子的主要文件目录结构如图 7-6 所示。

① <InstallDirectory>是指 CAA 的安装目录(同 CATIA 的安装目录)。

② <InstallDirectory>\CAADoc\Doc\Online\CAACenV5Default 是百科全书的主页。

③ <InstallDirectory>\CAADoc\Doc\Online\CAAxxxCases、Refs、Artides 是百科全书中涉及的 xxx 模块的用户示例、快速引用和技术文章。

④ <InstallDirectory>\CAADoc\CAAxxxx.edu 是指一个百科例子源码示例(工程),包含一个或多个模块(Module)、Cnext(资源文件:如字库、图库)、IndentiyCard(标识工程中引用的 Framework(组件))。

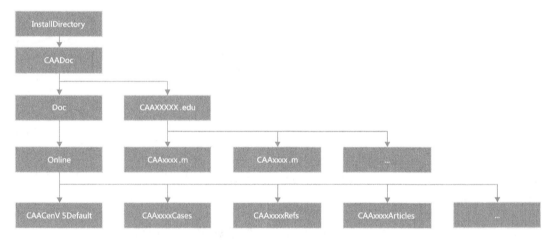

图 7-6　目录结构

百科全书:顾名思义,就是其包含了各种 API 的讲解和范例,借助其可以快速了解接口使用。

百科例子:汇集多种示例工程,诸多代码可直接复用到未来开发工程中,因此,若熟悉教学工程的功能以及其中方法,可快速"抄"出一个功能。

2. 百科例子调用

检验一个开发环境是否安装正确,可以通过编译和运行 CAA 自带的教学示例进行查看。读者可选择 CAACenV5Default 中的 CAA V5 Encyclopedia｜3DVisualization｜Viewer Feedback(Use Cases)示例进行验证。源码位置为：＜InstallDirectory＞＼CAADoc＼CAACA-TIAApplicationFrm. edu＼ CAACafViewerFeedback. m。该工程的运行，不需要键入任何代码，只需要考虑将必要的模块文件复制到对应的目录下即可。运行更加详细的操作，读者可根据帮百科全书中的讲解进行编解，如果编译无任何 Error 且能够运行出如图 7－7 所示效果，则表示安装正确。

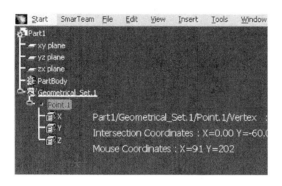

图 7－7　示例运行结果

针对该百科例子，本书根据百科全书提取主要的操作步骤如下：

步骤 1　复制模块，从＜InstallDirectory＞＼CAADoc 目录下，复制 CAAApplication-Frame. edu 和 CAACATIAApplicationFrm. edu 两个模块至一文件夹（如 EduDemo）下。同时，复制 CAASystem. edu 和 CAAVisualization. edu 两个依赖文件夹至其中。

步骤 2　加载工程并定义目录。

步骤 3　选择该文件夹，出现如图 7－8 所示"打开工程"界面。如果 VS 中 Solution Explorer 没有工程显示或者不全，则需要通过如图 7－9 设置将其显示出来，随后定义 CAA 路径进行关联，如图 7－10 所示。

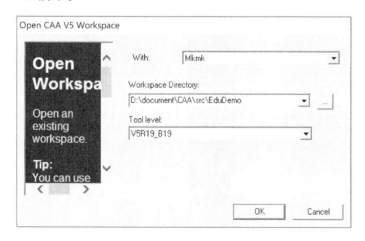

图 7－8　打开工程

步骤 4　去除注释，打开 CAAApplicationFrame. edu｜ CNext｜code｜dictionary 下的 CAAApplicationFrame. edu. dico 文件，去除♯号注释。

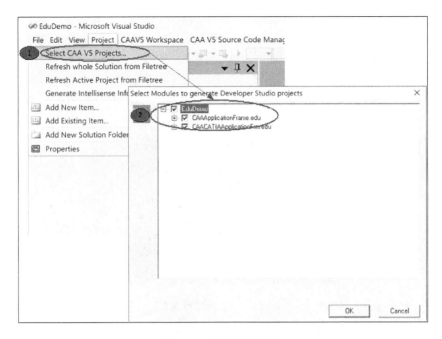

图 7 - 9　工程显示设置

图 7 - 10　关联 CAA 路径

```
# General Workshop Addin
CAAAfrGeneralWksAddin    CATIWorkbenchAddin       libCAAAfrGeneralWksAddin
CAAAfrGeneralWksAddin    CATIAfrGeneralWksAddin   libCAAAfrGeneralWksAddin
```

步骤 5　进行编译、启动，按照图 7 - 11 所示选择 Build|mkmk…下的命令进行编译。

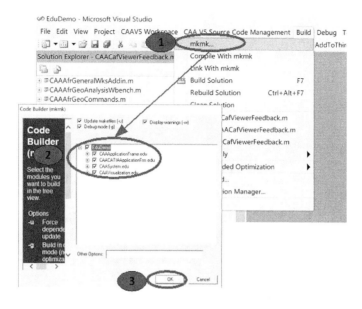

图 7 - 11　程序编译

　　步骤 6　查看效果，选择 Window|Open Runtime Window，输入 CNEXT，便可启动 CAT-
IA 查看到效果。

7.4　CATIA 窗口元素解析

　　CATIA 是模块化的产品，如同堆积木一样可将功能不同的模块堆砌组合在一起，并由此
构建了一个功能强大的数字化设计产品。鉴于处理对象的不同，CATIA 通过 Workshop（工
作空间）结构将各种功能进行了分类管理，如图 7 - 12 所示。其中 Workshop 是由 workbench
（工作台）组成，而 workbench 是由 Addin（工具条）组成。Addin 是程序命令的入口，因此，所

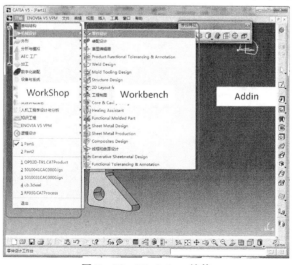

图 7 - 12　Workshop 结构

开发的程序均会打包至 Addin 中,最后会根据其功能类别,将其放置在某个工作台之下,从而辅助设计人员进行产品设计。

一个 CATIA 应用程序窗口元素如图 7-13 所示,CATIA 所有的元素都包含在 Application(应用程序)窗口中,在该窗口下则能够打开多个 Document(文档,如.CATPart 和.CATProduct)窗口,但是处于激活的文档窗口(CurrentWindow)则只有一个。

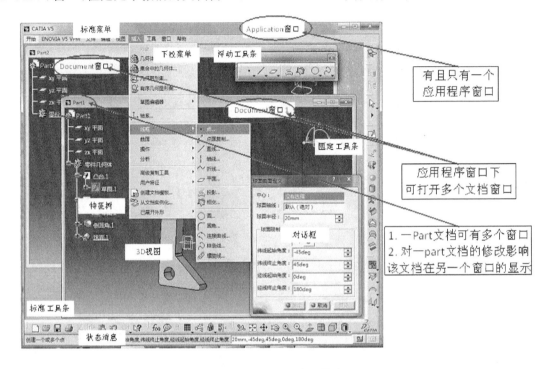

图 7-13　CATIA 窗口元素

获取一个文档对象的途径很多,下述为其一方法,如图 7-14 所示。

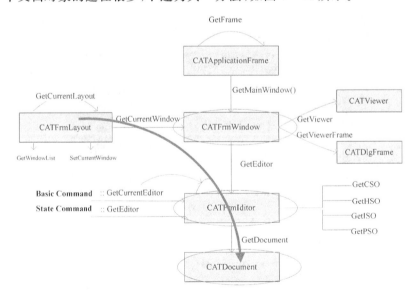

图 7-14　获取文档对象

```
CATFrmLayout * pLayout = CATFrmLayout::GetCurrentLayout(); //获取当前 Layout
CATFrmWindow * pWindow = pLayout ->GetCurrentWindow();        //获取激活的文档窗口
CATFrmEditor * pEditor = pWindow ->GetEditor();               //获取该文档的编辑器
CATDocument   * pDoc = pEditor ->GetDocument();               //获取文档接口
```

7.5　帮助文档的使用

工欲善其事,必先利其器,只有学会用好使用工具,才能用来帮助进行更加高效的开发。在 CAA 开发过程中,主要的工具为 CAA V5 Encyclopedia(百科全书,简称 Encyclopedia)和 CAA Help Viewer(帮助文档,简称 Help),前者集成了大量的 Technical Articles(技术文章)和 Use Cases(用例),而后者则主要用于查询 API 的使用方法。因而在使用过程中,可以在 Help 中搜索具体的 API 函数及用法,也可结合 Encyclopedia 来明确函数的用途和应用范例。

百科全书的 search 需要 java 插件的支持,由于 chrome 浏览器已经不支持 java 插件,因此,建议使用 IE 浏览器进行百科全书中代码的查找和利用。

1. 百科全书(Encyclopedia)的使用

Encyclopedia 路径为 InstallRootDirectory\CAADoc\Doc\online\CAACenV5Default.htm,结构如图 7-15 所示。打开 Encyclopedia,相应有 CATIA、DELMIA、ENOVIA brand,而这意味着不仅可以实现对 CATIA 进行二次开发,对 DELMIA 和 ENOVIA 也可进行开发,当然本书只关心 CATIA 二次开发。如图 7-15 中,Brand 由 Solution 组成,Solution 由 Modeler 组成,而图中红线以上的是针对特定 Solution 的 Modeler,红线以下的多个 Modeler 构成了如下 Foundation:

(1) 3D PLM Enterprise Architecture

将 API 函数及其应用独立出去,使其不再与具体的操作系统相关,主要由 Security PLM(安全管理)、User Interface(用户界面)、Middleware Abstraction(中间件)、Data Administration(数据管理)、3D Visualization (3维显示)五个 Modeler 组成。

(2) 3D PLM PPR Hub Open Gateway

提供了 Process、Product、Resource 的 modeler,以及在不同 CAD 系统和不同标准格式之间进行数据交互。主要有 Cax & PDM Hub (与其他 Cax & PDM 的交互)、Document(文档)、PPR Modelers PPR(建模)、Knowledge Modeler(知识建模)、Feature Modeler(特征建模)、Configuration Management(配置建模)、GeometricModeler(CGM 和几何建模)七个主要 Modeler 组成。

(3) RADE

提供了对应 CAA 应用资源进行设计、实施、构建、校验、测试和管理的工具。

如图 7-16 所示,当前选中的 Solution 是 Mechanical Design,组成这个 Solution 的所有 Modeler 会彩色显示,其他不相关的 Modeler 则会变成灰色。此时,单击每个 Modeler,会显示相应的网页主页。以 Mechanical Design 下的 Part Design 为例,其主页如图 7-17 所示,包含以下三个方面:

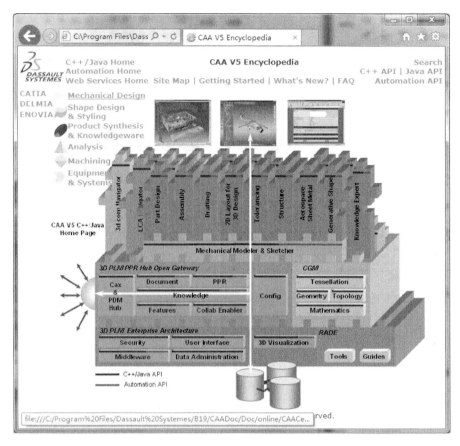

图 7 - 15　Encyclopedia

① Technical Articles(技术文章):阐述 Modeler 工作机制、原理及编程任务等。

② Use Case(用例):结合实例以具体代码来阐述该模块典型的 API 函数的应用。

③ Quick Reference(快速引用):以字典形式将模块内容罗列出来,每一个模块下用到的类和接口的说明文档都集中在这个类别之下。

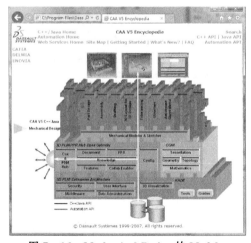

图 7 - 16　Mechanical Design 的 Modeler

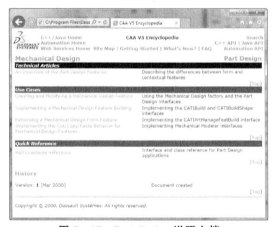

图 7 - 17　Part Design 说明文档

图 7-18 中给出了常用的 Modeler 的功能介绍,读者可比较直观地通过它进行对应 Modeler 的学习。其实,由于各 Modeler 结构一致,读者可针对一个 Modeler 进行学习,便能在阅读新的 Modeler 时,快速抓住要点。编者在这里推荐 UserInterface 这个 Modeler,因为该 Modeler 涉及用户界面等基本资源,包括对话框、工具条、状态命令等,应是所有 CATIA 开发程序之必须,第 8 章将详述基本资源的开发。

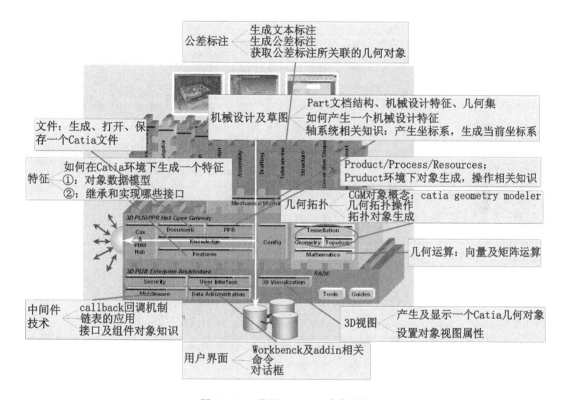

图 7-18　常用 Modeler 功能介绍

2. CAA Help Viewer 的使用

CAA Help Viewer 同 Visual Studio 中的 MSDN 的功能是一致的,如果需要获知某个 API 的方法,可利用其进行查询。实际上,Help 的内容与 Encyclopedia 中 Quick Refences 中相关 Reference 是一样的,只是 Help 进行了统一的管理,可以实现快速浏览和查阅。其中浏览和查询主要针对 API 文档,而 TOOL 文档暂缺。

关键字的查询区分大小写,所以一定要注意,倘若正确输入关键字,而无法给出查询结果,则一般是没有将 Help 与库目录相关联,此时按照图 7-19 所示设置路径即可。具体的查询本书不作赘述。

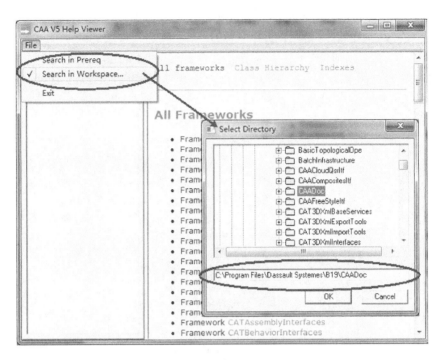

图 7 - 19　设置库路径

7.6　编程文件结构解析

　　CAA 的文件结构树是源文件存在于 VS 中表现，直观表达了工程模块分类、类文件权限大小等含义，该结构是直接面向开发者的，因此，开发者需要对其有足够的认识。如图 7 - 20 是经典的 CAA 文件结构树：一个 CAA 工程是由若干个 Framework(组件)组成，每个 Framework 是由若干个 Module(模块)构成，而 Module 是由若干个类组成，类主要包括 Dialog(对话框)类和 Command(命令)类。

　　CAA 各源文件均具有一定作用域，即为了提高程序的可靠性，减少名字的冲突，各源文件均有一定的权限范围，有受限于 Module 或 Framework 的，更有权限范围更大的可作用于外部 Framework 的文件，如 PublicInterfaces 下的类文件，可以在外部 Framework 下被调用。而对应 CAA 文件结构树下文件的作用域如图 7 - 21 所示。

　　因此，在编程过程中，要明确文件的作用域，一来可以避免因权限不够而导致调用错误，二来可以打包常见的类或方法，并构建成全局的 Module 库，实现在其他模块的快速调用。如弹窗提示功能，CAA 中并不具备但且常用(可通过 CATDlgNotify 接口构建)，因此可以将该方法打包成全局方法，直接利用其他模块，从而提高编程效率。文件(主要是 Dialog 和 Command 类)的权限是在创建时设置的，因此读者要正确按照自己的需求在创建之初就予以给定。

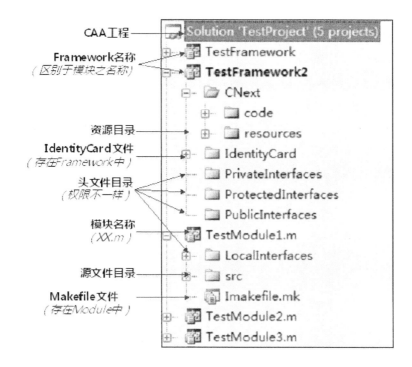

图 7 - 20　CAA 文件结构树

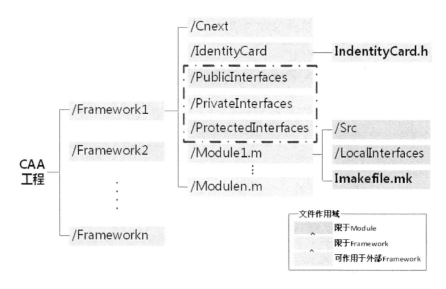

图 7 - 21　工程文件作用域

7.7　预定义文件

二次开发是基于现有软件并利用其开放的 API(接口)实现功能的定制和拓展的开发技术。在开发及编译过程中,为了能够正确链接 API 函数,必须在指定的文件中明确 API 调用的条件。在 CAA 二次开发中,使用 API 则需在 Imakefile. mk 中定义其 Module 以及在 IdentityCard. h 中定义 Framework,即 CATIA 二次开发的预定义文件为 Imakefile. mk 和 IdentityCard. h,下面将进行具体阐述。

1. IdentityCard. h 文件

在 CAA 文件结构树中,IdentityCard. h 有且仅只有一个存在于一个新建的 Framework 中。在使用一个 API 时,用来定义该 API 所属的 Framework,一个 Framework 有一个标识卡,在 IdentityCard. h 中需要去添加其标识卡。如图 7 - 22 所示为 IdentityCard 中的内容,其中 Mathematics 是在使用过程中所需的 Framework 名称,通过 AddPrereqComponent 进行声明。

```
// DO NOT EDIT :: THE CAA2 WIZARDS WILL ADD CODE HERE
AddPrereqComponent("ApplicationFrame",Public);
AddPrereqComponent("Dialog",Public);
AddPrereqComponent("System",Public);
AddPrereqComponent("DialogEngine",Public);
AddPrereqComponent("Mathematics",Public);
// END WIZARD EDITION ZONE
```
—— **Framework名称**

图 7 - 22   IdentityCard. h 文件内容

2. Imakefile. mk 文件

在新建一个 Module 时,系统就会自动创建一个 Imakefile. mk 文件,具体含义如图 7 - 23

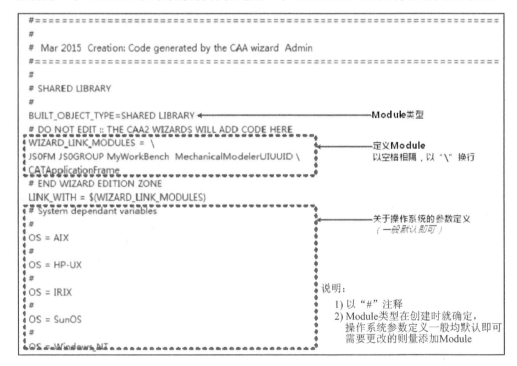

图 7 - 23   Imakefile. mk 文件说明

所示。该文件是基于 IdentityCard. h 中已定义 Framework 的基础上,来预定义该 Framework 下的 Module,即如果使用一个 API 函数,就需要在 IdentityCard. h 中定义所属的 Framework 以及在 Imakefile. mk 中添加所属的 Module。否则工程在编译过程中就会出现图 7 - 24 所示的"Link 2001"以及"Link 2019"所示错误,因此读者如果在程序编译过程中出现上述两种错误,则基本上是使用 API 而未添加对应预定义的 Framework 和 Module 导致的。此时,可借助 CAA help Viewer 查找对应的接口,并找到对应的 Framework 和 Module,本书以使用 CATIProduct 的接口为例,如图 7 - 25 所示。

```
error LNK2001: unresolved external symbol "__declspec(dllimport) struct _GU
error LNK2019: unresolved external symbol "__declspec(dllimport) public: st
error LNK2019: unresolved external symbol "__declspec(dllimport) public: __
error LNK2019: unresolved external symbol "__declspec(dllimport) public: vi
```

图 7 - 24　未添加预定文件而出现的错误信息

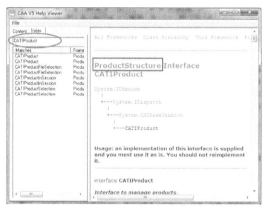 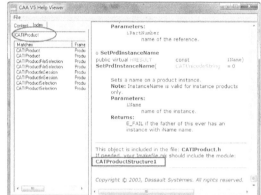

图 7 - 25　查找 Framework 和 Module

IdentityCard. h 和 Imakefile. mk 中添加的内容只多不少,读者可为自己制定一个相对较全的 IdentityCard. h 和 Imakefile 文件,每次创建工程或模块时,将其中内容对复制进去,可免去诸多麻烦。

7.8　开发习惯建议

本书推荐一种编程习惯,从命名规则和环境配置两个角度去阐述 CAA 工程编写和调试等操作,旨在帮助读者提高程序规则性和阅读性以及程序调试的高效性。

1. 命名规则

由于 CAA 程序涉及类的种类较多,有一般性的类(CATFrmEditor)、接口类(CATIPrtPart)、智能指针类(CATInit_var)、输入输出变量以及常见的 C 语言类型(简称 C 类)(int、double)等,如果能从变量的名称就能反映出特定类型,将有效提高程序的开发。比如智能指针类,该种类型的特点是由系统自动对对象的生命周期进行管理,指针无须释放。表 7 - 2 是各类变量的命名规则,详细信息可查阅百科全书 Tool 这个 Modeler 建议的命名规则。

表 7-2　命名规则

类	前　缀	含　义	示　例
指针类	p	指　针	CATFrmEditor * pEditor;
	pi	接口指针	CATIPrtPart * piPrtPart;
	spi	智能指针	CATInit_var spiInit(pDoc);
C 类	b	布尔型	CATBoolean bProbeState;
	i	整　形	int iNum;
	d	双精度浮点型	double dLength;
数学类	mp	数学运算点	CATMathPoint tmpSatrt;
	mv	数学运算向量	CATMathVectorm vFirst;
代理类	pDA	CATDialogAgent 指针	CATDialogAgent * pDAChangeToWorkingstep;
	pFA	CATFeatureAgent 指针	CATFeatureAgent * pFASelectWorkingstep
参数定义类	i	输　入	DeleteFeature(CATISpecObject * ipSpecOnDeleteFeature);
	o	输　出	GetCurrentProject(CATISpecObject * * oppCurrentProject);
	io	即输入也输出	GetConnector(CATILinkableObject_var&ioObj)

2. 环境配置和调试

在默认的 Visual Studio 界面中,如果需要查看程序效果,待进入 Window|Open Runtime Window 后,输入 CNEXT 才能启动 CATIA。可以通过 Tools|External Tools 按如图 7-26 所示步骤便可创建工具条,从而创建一个快捷的命令。再者可以按照自己的喜好,通过 Tools|Customise 进行工具条位置的调整,最终如图 7-27 所示。

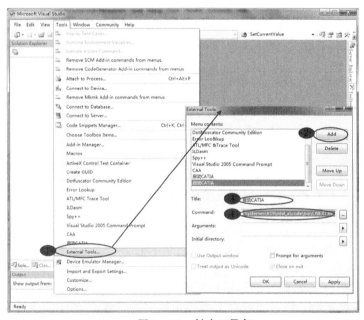

图 7-26　创建工具条

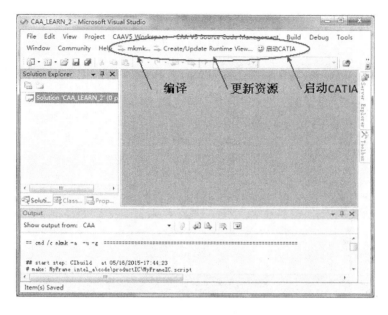

图 7 - 27　自定义后工具条显示

程序的调试是 CAA 编程中重要的一环，而程序的输入输出往往是调试过程中最为关注的。而通过设置 CAA 环境变量（User Variables：$CNEXTOUTPUT$；Value：$console$）（见图 7 - 28），能提供 console 控制台进行输入输出参数的查看。由于 console 窗口呈现的信息有限，如果超过容纳范围，先前的信息就无法看到。因此，如果需要让程序执行到某处停止下来检查参数的正确与否，可在该处后加一句 $getchar$（）代码，只有当在 console 窗口接受一个输入字符时，程序才会继续执行。

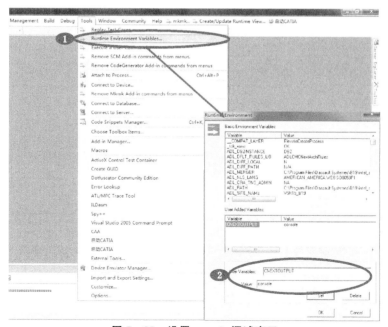

图 7 - 28　设置 console 调试窗口

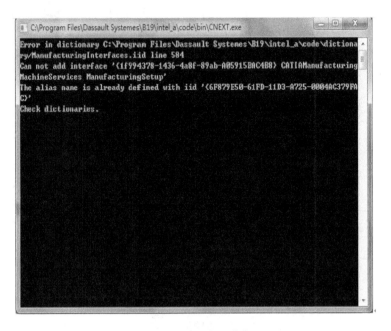

图 7 - 29   console 调试窗口

当然，对于上述这种打印调试，需要编写大量的输入输出代码，比较烦琐。因此，考虑插入到进程的方式，进行逐行调试，步骤如图 7 - 30 所示。所有 CAD 二次开发均如此，不再详述。

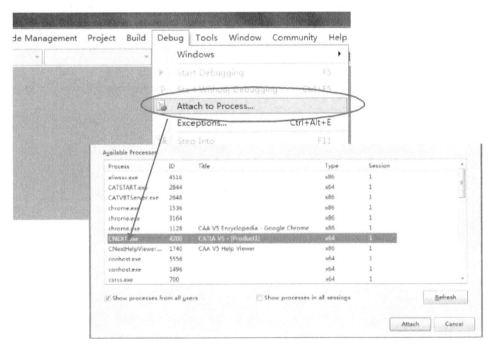

图 7 - 30   插入到进程调试

第8章 基本资源开发

CAA 二次开发工程是由各类接口和基本资源构成的。只有掌握了基本资源的开发,才能在以后的工程开发中游刃有余。而工作台、工具条以及对话框是 CAA 工程中重要的用户界面元素,是直接进行交互的桥梁。本章将结合 Visual Studio 详述基本资源的开发。

8.1 资源介绍

CATIA CAA 二次提供了可视化的界面设计功能,用户可以自行设计程序界面。

1. Toolbox 介绍

该 Toolbox(见图 8 - 1)呈现了 CATIA 提供可进行对话框设计的资源,主要有 Frame、Tab container、Label、Button、Radio button、Check Butoon、List、MultiList、Combo、Editor 等。编者以为 Frame 将在窗体布局中起着举足轻重的作用。每个控件均有 Resource 和 Attribute 两个属性。通过前者可以设置控件的变量名(name 值),通过后者可以设置呈现在界面上的 sytle。

用户可以右键控件,添加 Callback 函数。如 Button 的单击 Callback,会自动添加如下代码,当然,也可以自行添加。

图 8 - 1　Toolbox

```
// MyDlgCmd.h 的声明
virtual void OnPushButton003PushBActivateNotification (CATCommand * ,
CATNotification *  , CATCommandClientData data);
//MyDlgCmd.cpp 中的消息映射和实现
void MyDlgCmd::Build()
{
...
    AddanalyseNotificationCB (_PushButton003,
                       _PushButton003 ->GetPushBActivateNotification(),
  (CATCommandMethod)&MyDlgCmd::OnPushButton003PushBActivateNotification,
                                            NULL);
...
}
//具体实现
void MyDlgCmd::OnPushButton003PushBActivateNotification(CATCommand * cmd,
CATNotification * evt, CATCommandClientData data)
{
  // Add your code here
}
```

2. CATIA Resources 介绍

Dialog 和 Commad 是开发过程中两个重要的概念,其本质同属一个类,但各司其职。主要区别在于前者可理解为纯 Dialog,更多是作为布局的搭建,其调用一般借助 Command 来进行;后者包括三种类型,有 statechart command、Dialog—box based command 和 basic command,如表 8 - 1 所列。

表 8 - 1　Commad 的三种类型

名　　称	功　　能
statechart command	状态命令用于交互设计
Dialog-box based command	Basic command 和 Dialog 的合体
basic command	纯 Commad,一般与 Dialog 结合用

Dialog-box based command 较 Dialog 多了处理对话框激活与否时的响应。如对话框处于激活时要执行 Activate 函数;处于非激活状态时要执行函数 Desactivate;退出时要执行函数 Cancel。该功能在本章会提及,读者此处可有个印象以便区分。图 8 - 2 所示为 CATIA Resources 对话框。

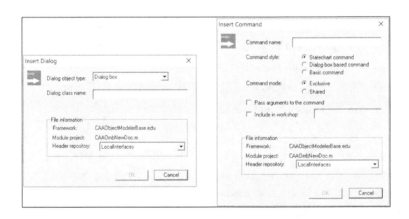

图 8 - 2　CATIA Resources

3. Dialog 介绍

本节将简述 Dialog,具体内容读者可以阅读百科全书→User interface → WIntop Dialog(选项卡)里边内容。

对话框 CATDialog 类的派生关系如图 8 - 4 所示,对话框框架主要定义了两种类型:containers 和 components。其中,Containers 用来容纳组件的容器,包括 window、menu、dlgbox、bar Box;Components 是构成对话框、窗口等项目的控件和菜单项:CATDlgLabel(标签)、CATDlgPushButton(按钮)、CATDlgComb(下拉列表);菜单项,CATDlgRadioItem(菜单选项)和 CATDlgSeparatorItem(菜单分隔符)。

对话框的布局具有行和列的概念,其关系如图 8 - 4 所示。更多关于对话框的介绍可阅读百库全书中的以下内容:

① 各对话框的命名及相互关系可阅读"Creating Dialog Objects"。

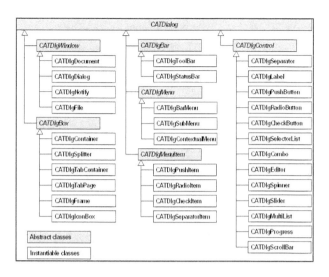

图 8 - 3 对话框框架类

② 对话框组织、资源加载等可阅读"Assigning Resources to a Dialog Box"。

③ 对话框的布局和定位可阅读"Arranging Dialog Objects"。

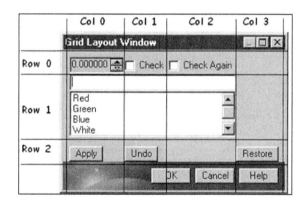

图 8 - 4 对话框布局

8.2 工作台的创建

1. 任务要求

在"机械设计"工作空间下,创建"我的工作台"工作台,并为其添加图标,最终效果如图 8 - 5 所示。

2. 操作步骤

步骤 1 新建工作空间。按图 8 - 6 所示步骤操作如下:

① 打开 File|New CAA V5 Workspace。

② With 选择 MKMK 编译,tool level 选择开发的版本,并设置路径(可事先建立好开发目录,或在 Workspace Directory 直接录入),单击 Next。

图 8-5　工作台创建后的效果

③ 选择"Create new generic framework"模式创建新的 Framework，单击 Finish。

④ 输入 Framework 名称（MyFrame）（Framework type 和 function 默认），单击 OK。

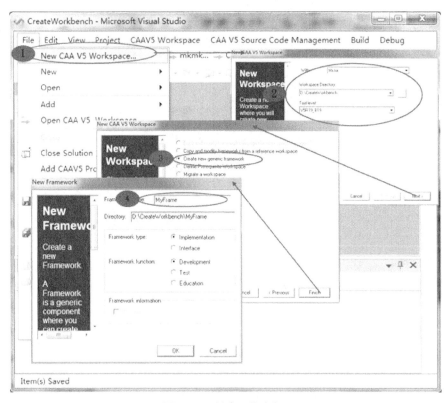

图 8-6　新建工作空间

步骤 2　关联 CATIA 的 API 目录,按图 8-7 所示步骤操作如下:

① 打开 CAAV5 Workspace|Locate Prerequisite Workspace。

② 单击"Add",弹出 Select Directory 对话框,选择 CATIA 目录 InstallRootDirectory,单击 OK 后,便会弹出"install Prereqs"对话框,选择"Close",dos 窗口闪动即表示完成设置。

步骤 3　创建程序资源文件:

① 在 Framework 下新建一个 Module,打开 New|Add CAAV5 Project|New Module,弹出的对话框如图 8-8 所示,设置 Module 的名称(*MyModule*1)。

② 插入 CATIA 资源,打开 New|Add CAAV5 item|CATIA Resource|CATIA Pattern,弹出如图 8-8 所示对话框,选择 WorkObject type 为 Workbench,并设置名称为 *MyWork-bench*;单击 Associated Workshop,选择工作台所属的 Workshop,按文中要求,选择 *PRD-Workshop*(ProductDesignWorkShop,机械设计工作空间)。

③ 单击"Next"后,将出现数个设置对话框,默认即可。

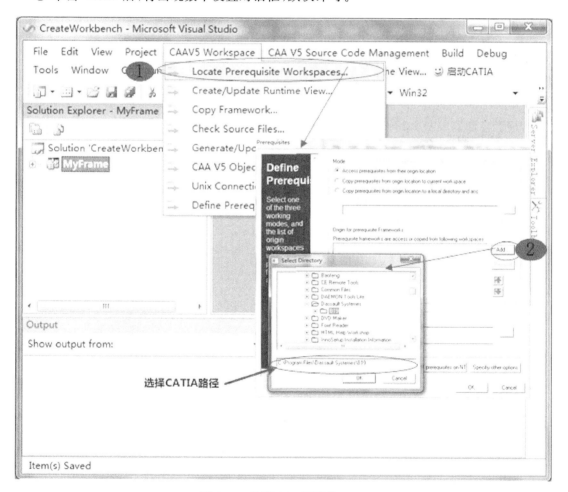

图 8-7　关联 CAA 开发的 API

 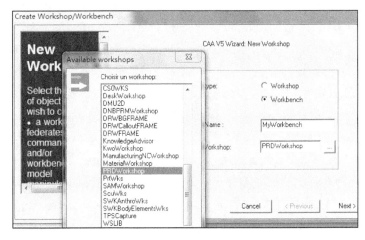

图 8 - 8　创建 Module　　　　　图 8 - 9　插入 CATIA 资源

说　明

① 完成配置后,VS 的 Solution Explorer 下出现 MyWorkbench. m 这个 Module(如未出现,进入 Project|Select CAA V5 Projects 勾选设置),如图 8 - 10 所示。

② 创建 workbench 需要以 Module 为基础,即此处需要先创建 MyModule1. m,完成创建后,程序会自动形成一个 Module(MyWorkbench. m),原有 MyModule1. m 便可以删除。

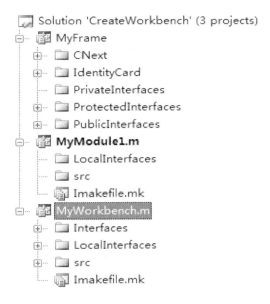

图 8 - 10　完成 workbench 创建后效果

步骤 4　修改工作台属性:

① 修改位置参数　在 VS 的 Solution Explorer 中,打开/Cnext/resource/msgcatalog 下的 MyWorkbench. CATRsc 文件,修改 MyWorkbench. catagory = "infrastructure"代码为 *My-*

Workbench.catalog＝"MechanicalDesign"，此时工作台将出现在"机械设计"里面。

②　修改名称属性　打开/Cnext/resource/msgcatalog 下的 MyWorkbench. CATNls 文件，可修改工作台的名称 MyWorkbench. Title＝"我的工作台"，名称中英文皆可。

步骤 5　程序调试运行：

①　更新运行环境　选择 CAAV5 Workspace｜Create/Update Runtime View，弹出对话框如图 8-11 所示，按照图中设置，单击 OK 完成更新。

②　编译代码　选择 Build｜mkmk，弹出对话框如图 8-12 所示，选中要编译的 Module(*此处模块全选*)，单击 OK 便可完成编译生成可执行文件。

图 8-11　更行运行环境

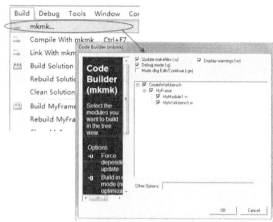

图 8-12　编　译

③　启动 CATIA 运行　选择 Window｜Open Runtime Window，输入 *CNEXT*，便会启动 CATIA，此时可查看效果，如图 8-5 所示，不过没有图标而已。

步骤 6　关联图标资源：

①　制作图标资源，尺寸为 24 * 24 像素，格式为 bmp。

②　放置至目标目录，将图片放入 \Cnext\resources\graphic\icons\normal 文件夹中，其中文件夹(包括磁盘和 Solution Explorer)需要手动创建，文件则先复制至磁盘对应目录中，随后复制至 Solution Explorer 树上。

③　添加链接资源代码，在 MyWorkbench. CATRsc 中加入代码：MyWorkbench. Icon. NormalRep＝"*IconName*"，其中 IconName 是图标文件夹名称，没有拓展名。

最后，按照步骤的程序调试运行重新编译运行即可看到如图 8-5 所示的效果。

8.3　工具条的创建

1. 任务要求

在 8.2 节创建的"我的工作台"中，创建两个工具条，并为工具条添加图标，最终效果如

图 8-13 所示。

图 8-13 创建工具条

2. 操作步骤

步骤 1 基于 8.2 节 framework 下创建 Module，新建一个 Module 且命名为 *AddinM*。

步骤 2 使用工具条 API：

① 选择 File|Add CAAV5 item|Component，并输入名称（MyAddin），出现对话框，如图 8-14(a)所示。

② 选择工作台接口，单击 TIE mode 的 Add，将出现"Available interfaces"对话框，如图 8-14(b)所示。为使工具条放置在上节创建的工作台下，此时选择"Search workspace"为自身工程路径，并选择 CATIMyWorkbenAddin（假若工具条放置在"零件设计"工作台下，此时更改路径为 CATIA 路径，并选择 CATIPrtWksAddin）。

步骤 3 创建命令和工具条：要创建一个工具条，需要在 MyAddin 类添加相应的命令函数以及实现代码。

① 声明和定义：在 MyAddin.h 中添加头文件和两个 Public 函数声明：

```
# include "CATCmdContainer.h"
# include "CATCreateWorkshop.h"
# include "CATCommandHeader.h"
void CreateCommands();                //定义工具条 header（"名片"）
CATCmdContainer * CreateToolbars();    //工具条布局以及关联命令
```

在 MyAddin.cpp 中添加宏定义：

```
MacDeclareHeader(MyCmdHeader);        //宏定义 MyCmdHeader
```

在 Imakefile 中添加 Module 名称（*CATApplicationFrame*）

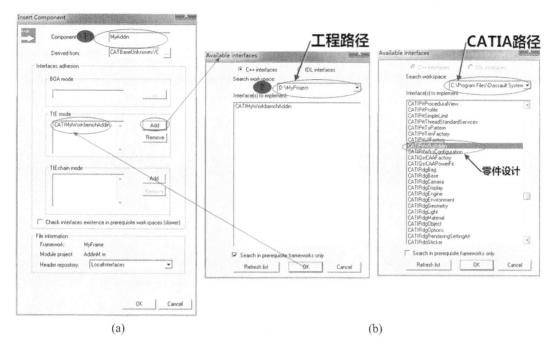

(a)   (b)

图 8‑14   实例化工具条 API

```
# DO NOT EDIT :: THE CAA2 WIZARDS WILL ADD CODE HERE
WIZARD_LINK_MODULES = JS0GROUP \
JS0FM JS0GROUP MyWorkbench CATApplicationFrame
# END WIZARD EDITION ZONE
```

说明   上述两个函数均可在 CAA Help Viewer 中查询得到,CreateCommands 中代码只是用宏定义过的 MyCmdHeader 来定义命令 header(header 相当于"名片",包含了一个命令所具有的必要的关键信息,通过它可以创建相关命令和访问到命令的相关信息)。

② 实现:在 MyAddin.cpp 中添加实现代码:

```
void MyAddin::CreateCommands(){           //创建两个工具条,定义两个 header
new MyCmdHeader("MyCmdHdr1"," CmdModule ","myCmd1",(void *)NULL);
new MyCmdHeader ("MyCmdHdr2"," CmdModule "," myCmd2",(void ) * NULL);
}
CATCmdContainer * MyAddin::CreateToolbars(){     //将工具条与 header 关联
        NewAccess(CATCmdContainer,pMyToolbar, MyToolbar);
        NewAccess(CATCmdStarter,pMyCmdStr1,MyCmdStr1);
        SetAccessCommand(pMyCmdStr1,"MyCmdHdr1");
        SetAccessChild(pMyToolbar,pMyCmdStr1);
        NewAccess(CATCmdStarter,pMyCmdStr2,MyCmdStr2);
        SetAccessCommand(pMyCmdStr2,"MyCmdHdr2");
        SetAccessNext(pMyCmdStr1,pMyCmdStr2);
        AddToolbarView(pMyToolbar,1,Right);
        return pMyToolbar;
}
```

说　明

① MyCmdHeader 中,第一参数是 iheaderID(header 的标识,用于关联图标、帮助信息等),第二、三参数分别代表关联的 Module 和执行命令的类名,第四个参数一般默认。

② 其中 CreateToolbars()内使用函数的含义如下:

- NewAccess (className,variableName,objectName)是一个实现入口的一个宏命令; className:所创建入口的类型有 CATCmdContainer、CATCmdWorkshop、CATCmd-Workbench、CATCmdStarter 和 CATCmdSeparator 类型); variableName:所创建入口实例的指针; objectName:所创建实例对象的名称,关联与此入口的帮助等资源信息要用到。

- SetAccessCommand (variableName,command)是入口与相应命令 header 关联的宏命令 variableName:所创建入口实例的指针; command:命令 header 的标识。

- SetAccessChild (variableName,childName)是安排入口顺序的宏命令。

- SetAccessNext (variableName,nextName)是安排入口顺序的宏命令。

- AddToolbarView (variableName,visibility,position)是创建工具条显示宏命令; variableName:所创建工具条实例的指针; visibility:1 表示可见 , −1 表示不可见;

position:表示工具条显示的位置(UnDock、Bottom、Top、Left、Right);

步骤 4　程序编译运行,可以查看未添加图标时的效果。

步骤 5　关联图标资源:

① 制作两个图标资源,尺寸为 24 * 24 像素,格式为 bmp(本书命名为 A. bmp 和B. bmp)。

② 放置至目标目录,将图片放入磁盘\Cnext\resources\graphic\icons\normal 文件夹中。

③ 新建资源文件,在\Cnext\resource\msgcatlog 下,以本书文档新建 MyCmdHeader. CATNls 和 MyCmdHeader. CATRsc 两个文件,并复制到 Solution Explorer 树上。

④ 添加链接资源代码,在 MyCmdHeader. CATNls 添加下述代码:

```
MyCmdHeader.MyCmdHdr1.Title       = "my command 1" ;//命令的中文名称
MyCmdHeader.MyCmdHdr1.ShortHelp   = "my command 1 Short Help" ;
MyCmdHeader.MyCmdHdr1.Help        = "my command 1 Help" ;
MyCmdHeader.MyCmdHdr1.LongHelp    = "my command 1 Long Help" ;
MyCmdHeader.MyCmdHdr2.Title       = "my command 2" ;
MyCmdHeader.MyCmdHdr2.ShortHelp   = "my command 2 Short Help" ;
MyCmdHeader.MyCmdHdr2.Help        = "my command 2 Help" ;
MyCmdHeader.MyCmdHdr2.LongHelp    = "my command 2 Long Help" ;
```

在 MyCmdHeader. CATRsc 添加下述代码:

```
MyCmdHeader.MyCmdHdr1.Icon.Normal   = "A"; //正常状态下显示的图标
MyCmdHeader.MyCmdHdr1.Icon.Pressed  = "A"; //鼠标单击后显示的图标
MyCmdHeader.MyCmdHdr1.Icon.Focused  = "A"; //鼠标放在按钮上不单击的图标
MyCmdHeader.MyCmdHdr2.Icon.Normal   = "B";
MyCmdHeader.MyCmdHdr2.Icon.Pressed  = "B";
MyCmdHeader.MyCmdHdr2.Icon.Focused  = "B";
```

重新编译运行即可看到如图 8 - 13 所示的效果。

8.4　对话框的创建与调用

1. 任务要求

为 8.3 节创建的"A"和"B"工具条添加对话框(*两种方式创建*),最终效果如图 8 - 15 所示。

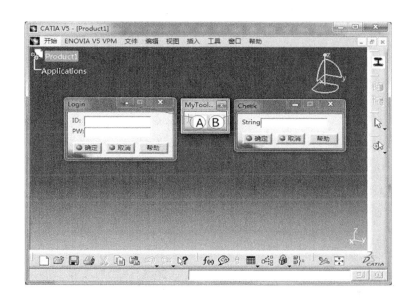

图 8 - 15　对话框显示

2. 操作步骤

方式一:利用 Dialog-box based command 创建 command。

步骤 1　基于 8.3 节 framework 创建 module,命名为 MyTestDlg。

步骤 2　创建并绘制对话框:

① 选择 NEW｜Add CAAV5 Item｜CATIA Resource｜Command,命名为 MyDlgCmd, Command Style 选择为 Dialog—box based command,完成创建后,弹出对话框布局界面。

② 利用 CAA 提供的控件,直接拖拽进行对话框布局,完成后保存如图 8 - 16 所示。本例子中使用两个 Label(设置 Title 为 ID,PW)和两个 Editor(设置 Name 为 EditorForID,Editor-ForPW),修改对话框 Title 为 Login。

所有关于对话框的参数和实现函数均已经自动生成,不用添加自己额外的代码,读者可以在. h 和. cpp 文件中查看相应的代码,几个关键的函数说明如下:

● void Build();　　　　　　　　　　　　//构造对话框,空间布局和属性均在此说明

● virtual CATStatusChangeRC Activate(CATCommand * iFromClient, CATNotification * iEvtDat);

　　　　　　　　　　　　　　　　　　//对话框处于激活时要执行的函数

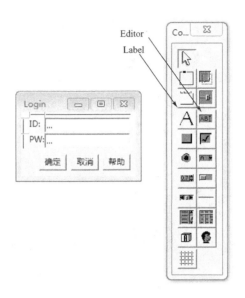

图 8-16 Login 对话框布局

● virtual CATStatusChangeRC Desactivate(CATCommand ∗ iFromClient, CATNotification ∗ iEvtDat);

//对话框处于非激活状态时要执行的函数

● virtual CATStatusChangeRC Cancel(CATCommand ∗ iFromClient, CATNotification ∗ iEvtDat);

//对话框退出时要执行的函数
● SetVisibility(CATDlgShow);   //显示对话框
● SetVisibility(CATDlgShow);   //隐藏对话框
● RequestDelayedDestruction();   //将构成对话框的所有对象销毁

步骤 3 将对话框与工具条关联：

工具条命令是是程序执行的入口,已创的 command 需要关联到 8.3 节的 *MyCmdHeader*,才能进行调用。更改 AddinM 模块里 MyAddin.cpp 中 CreateCommands() 的代码如下：

```
new MyCmdHeader("MyCmdHdr1"," MyTestDlg","MyDlgCmd",(void ∗)NULL);
```

步骤 4 编译运行：单击工具条"A"出现效果如图 8-17 所示。

图 8-17 Login 对话框

方式二：利用 Dialog 和 basic command 联合创建 command。

步骤 1 在 MyTestDlg Module 下创建并绘制 dialog。

① 选择 NEW｜Add CAAV5 Item｜CATIA Resource｜Dialog,命名为 MyDlg2,完成创建后,弹出对话框布局界面。

② 按照图 8-18 所示进行对话框布局,包括一个 Label(设置 Title 为 Check)和一个 Editor(设置 Name 为 EditorForString),修改对话框 Title 为 Check。

步骤 2   创建 Command,选择 NEW｜Add CAAV5 Item｜CATIA Resource｜Command,命名为 MyCmd2,Command Style 选择为 basic command。

步骤 3   利用 Command 调用 Check 的 Dialog:

① 声明和定义:在 MyCmd2.h 文件中添加头文件和公有变量

图 8-18   Check 对话框布局

```
#include"MyDlg2.h"
MyDlg2  *pMyDlg2;
```

② 初始化实现:在 MyCmd2.cpp 的构造函数中添加如下代码:

```
MyCmd2::MyCmd2() : CATCommand (NULL, "MyCmd2"){
    pMyDlg2 = new MyDlg2();
    pMyDlg2 ->Build();
    pMyDlg2 ->SetVisibility(CATDlgShow);
     RequestStatusChange (CATCommandMsgRequestExclusiveMode);
}
```

步骤 4   将对话框与工具条关联:

更改 AddinM 模块里 MyAddin.cpp 中 CreateCommands()的代码如下:

```
new MyCmdHeader("MyCmdHdr2","MyTestDlg2","MyCmd2",(void *)NULL);
```

步骤 5   编译运行,单击工具条"B"出现效果如图 8-19 所示。

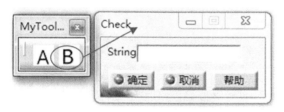

图 8-19   Check 对话框显示

8.5   信息传递

1. 任务要求

实现 Login 和 Check 对话框之间的信息传递,即输入 Login 的 ID 和 PW 参数,单击确定后将出现 Check 对话框,并显示 ID 和 PW 合并后的文本,最终效果如图 8-20 所示。

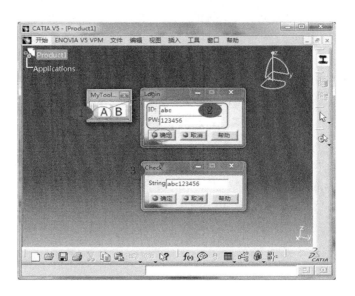

图 8-20　信息传递效果

2. 操作步骤

步骤 1　添加消息响应，打开 MyTestDlg. m 模块下的 MyDlgCmd. CATDlg，出现对话框布局，按如图 8-21 所示的添加"确定"按钮的响应消息，系统会自动添加响应代码。

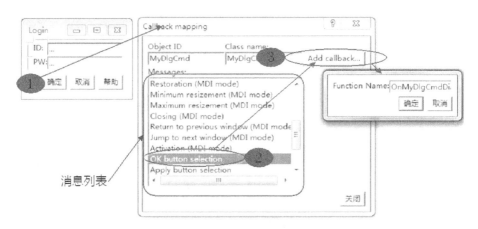

图 8-21　添加消息响应

说明　按照上述步骤添加响应消息，会在 Dialog 的.h 和.cpp 中自动添加代码，其中消息代码如下（如果需要利用 Command 去统一控制，则变换下述代码粗体的主体即可，对应 Dialog 中不能有一致的响应代码，否则 Dialog 会优先于 Command 的响应，导致 Command 无法调用 Dialog）

```
AddAnalyseNotificationCB (this,this ->GetDiaOKNotification(), (CATCommandMethod) &
                MyDlgCmd::OnMyDlgCmdDiaOKNotification, NULL);
```

this 是指针，是发出消息的主体（如在 Command 下，定义 MyDlg * pMyDlg，则此时 this 换成 pMyDlg）；

GetDiaOKNotification 是消息类型,还有 GetDiaAPPLYNotification 等消息。

步骤 2 调用 Check 的 Dialog:

① 声明和定义:在 MyDlgCmd. h 文件中添加头文件和公有变量:

```
＃include"MyDlg2.h"
MyDlg2 * pMyDlg2;
```

② 初始化和实现:在 MyDlgCmd. cpp 的构造函数中添加如下代码:

```
MyCmd2::MyCmd2() : CATCommand (NULL, "MyCmd2"){
        pMyDlg2 = new MyDlg2();
        pMyDlg2 ->Build();
        RequestStatusChange (CATCommandMsgRequestExclusiveMode);
}
```

步骤 3 获取 Check 对话框中 Editor 的控制:

① 声明和定义:在 MyDlg2. h 文件中添加公有声明:

```
CATDlgEditor * ReturnEditorForString();
```

② 实现:在 MyDlg2. cpp 的构造函数中添加如下代码:

```
CATDlgEditor * MyDlg2::ReturnEditorForString(){
        return _EditorForString;
}
```

步骤 4 消息传递:在 Login 对话框的消息函数下添加如下代码:

```
 void MyDlgCmd::OnMyDlgCmdDiaOKNotification(CATCommand * cmd,
CATNotification * evt, CATCommandClientData data){
MyDlg2 ->SetVisibility(CATDlgShow);    //点击 Login 后出现 Check 对话框
CATUnicodeString str1("");
CATUnicodeString str2("");
str1 = _EditorForID ->GetText();        //获取 Login 的 ID 文本值
str1 = _EditorForPW ->GetText();        //获取 Login 的 PW 文本值
pMyDlg2 ->ReturnEditorForString() ->SetText(str1 + str2);//设置 Check 文本值
}
```

步骤 5 编译运行,最终结果如图 8 - 20 所示。

第9章　交互设计

9.1　交互机制概述

　　交互设计是对象选择的重要手段,如在零部件的装配参考、投图的视图方向选择上,人类智慧不可或缺。不同于元素遍历,可根据名称或其属性来自动选择。编者以为在一个独立的程序执行过程中,需要人为因素介入的设计方式称之为交互设计。

　　在 CAA 二次开发中,交互设计的机制为 State(状态)机制,其实现是由不同 State 转化构建的。State 在功能上是相互独立的,表现在一个 State 只负责一种特定行为;在组织结构上是相互联系的,表现在一个 State 到另一个 State 的转化会做出一定的响应,从而执行一定的命令。因而,可以构建 Statechart diagrams(状态图),让程序按照状态图的逻辑顺序去执行。下面给出"线的创建"来阐述交互的概念以及程序的实现。

　　如图 9-1 中,若已存在两个点,可以通过交互去选取两个点,然后进行线的创建。具体操作读者们可以去自行体会。在本例中,程序一运行就到了状态1,通过列表1和2,状态1和状态2之间可进行切换,直到对象都满意选择后便可"确定"创建线。本例中,可以确定两个State:状态1(在状态1,能够选择列表1、列表2、点1)是为了选择点1;状态2(在状态2,能够选择列表1、列表2、点2)是为了选择点2。然而为了实现状态的切换,本例中用了两个列表框来做辅助作用,即当列表1选中时此时提示用户选择点1,当列表2选择时提示用户选择点2,也意味着图 9-1 中的列表不是必须的。其中,读者还需知道一点的就是,交互对象的获取来源于 Agent(代理)对象。在本书中,有四个 Agent 对象:两个列表 Agent 和两个点对象。从代理中,均能获取到选择的元素。下节将以代码方式解读"线的创建"。

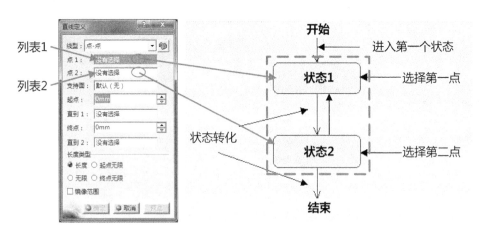

图 9-1　状态图

9.2　交互机制的 API 介绍

交互设计的常用 API 如表 9 - 1 所列。

表 9 - 1　交互设计常用 API

序号	API 接口	说　明
1	CATFeatureImportA- gent	拾取特征对象的代理对象。主要函数为 ::SetOrderedElementType,设置选择的类型,如点类型 ::SetBehavior,设置选择是表现的状态,如高亮显示
2	CATDialogAgent	获取对话框上元素消息的代理对象。主要函数为 :: AcceptOnNotify,捕获窗体的消息,如 list 选中的消息
3	CATDialogState	构建交互状态,可通过 GetInitialState 和 AddDialogState 构建一个或者多个状态主要函数为 ::AddDialogAgent,将代理对象加入状态
4	AddTransition	状态响应转化,即当一状态下,当其中一个代理满足条件,可以构建响应

9.3　状态命令的构建

选择【NEW】|【Add CAAV5 Item】|【CATIA Resource】|【Command】,可以发现 Command(命令)有三种形式(见图 9 - 2):Statechart command、Dialog—box based command、Basic command,但是要创建交互设计就必须选择 Statechart command。假定这里创建 Command 类为 CreateLine。状态的构建主要在 CreateLine. cpp 的 BuildGraph 内完成。

1. 代理创建和设置

由上文所述,"线的创建"需要四个输入代理,因而首先在 CreateLine. h 头文件中进行代理的定义:

```
CATFeatureImportAgent * _pPoint1Agent;
CATFeatureImportAgent * _p Point2Agent;
CATDialogAgent * _pPointSelectList1Agent;
CATDialogAgent * _pPointSelectList2Agent;
```

然后在 CreateLine. cpp 构造函数中,对代理进行初始化:

```
_pPoint1Agent = NULL;
_pPoint2Agent = NULL;
_pPointSelectList2Agent = NULL;
_pPointSelectList2Agent = NULL;
```

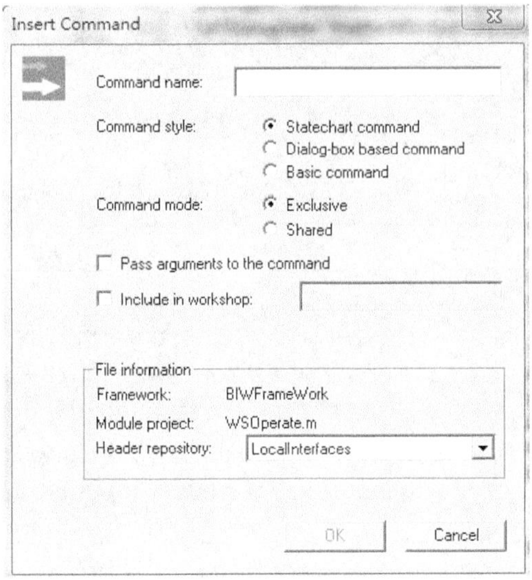

图 9 - 2　command 的三种形式

最后在 BuildGraph()(若下文不说明,均在该函数中添加程序)中实例化对象

```
_ pPoint1Agent = new CATFeatureImportAgent("Point1");
_ pPoint2Agent = new CATFeatureImportAgent("Point2");
_ pPointSelectList1Agent = new CATDialogAgent("SelectList1");
_ pPointSelectList2Agent = new CATDialogAgent("SelectList2");
```

设置代理要选择的类型 SetOrderedElementType 和行为 SetBehavior

```
_ pPoint1Agent ->SetOrderedElementType("CATIGSMPoint");//选择点 1
_ pPoint1Agent ->SetBehavior(CATDlgEngWithPrevaluation|CATDlgEngWithPSO);

_ pPoint2Agent ->SetOrderedElementType("CATIGSMPoint");//选择点 2
_ pPoint2Agent ->SetBehavior(CATDlgEngWithPrevaluation|CATDlgEngWithPSO);

_ pPointSelectList1Agent ->AcceptOnNotify(_panel ->RetrunSelectList1(),
_panel ->RetrunSelectList1() ->GetListSelectNotification());

_ pPointSelectList2Agent ->AcceptOnNotify(_panel ->RetrunSelectList2(),
_panel ->RetrunSelectList2() ->GetListSelectNotification());
```

2. 状态创建

本例中共有两个状态,将在一个状态中所有能够选择的代理对象都加入到一个 State 中,而下述代码中,"选择第一个元素点"和"选择第二个元素点"是程序在运行时的操作提示,运行效果如图 9-3 所示。

```
CATDialogState * WaitForWSPoint1 = GetInitialState("选择第一元素点");
WaitForWSPoint1 ->AddDialogAgent(_pPoint1Agent);
```

```
WaitForWSPoint1 ->AddDialogAgent(_pPointSelectList1Agent);
WaitForWSPoint1 ->AddDialogAgent(_pPointSelectList2Agent);
CATDialogState * WaitForWSPoint2 = AddDialogState("选择第二元素点");
WaitForWSPoint2 ->AddDialogAgent(_pPoint2Agent);
WaitForWSPoint2 ->AddDialogAgent(_pPointSelectList1Agent);
WaitForWSPoint2 ->AddDialogAgent(_pPointSelectList2Agent);
```

图 9 - 3 操作提示

3. 状态转化响应创建

顾名思义,状态转化响应就是当两个状态(状态可相同)切换时,会给出的动作响应。而状态转化成功的标记则是代理的成功获取,代理的个数 m 决定了状态响应转化 n 的个数,即 $n=C_m^2$。在本书中,代理为 4 个,因此,状态转化响应总共有 6 个。当然,具体问题要具体分析,有时候部分状态转化是不必的,读者可以酌情删减。在此将全部列出。

```
/* 不同状态之间转化 */
AddTransition(WaitForWSPoint1, WaitForWSPoint2,
        IsOutputSetCondition (_pPointSelectList2Agent),
        Action ((ActionMethod) &CreateLine::SelectList2Selected));
AddTransition(WaitForWSPoint2, WaitForWSPoint1,
        IsOutputSetCondition (_pPointSelectList1Agent),
        Action ((ActionMethod) & CreateLine::SelectList1Selected));

/* 相同状态之间的转化 */
AddTransition(WaitForWSPoint1, WaitForWSPoint1, // WaitForWSPoint1 到自身
        IsOutputSetCondition (_pPointSelectList1Agent),
        Action ((ActionMethod) & CreateLine::SelectList1Selected));//列表框选择
AddTransition(WaitForWSPoint1, WaitForWSPoint1,
        IsOutputSetCondition (_pPoint1Agent),
        Action ((ActionMethod) & CreateLine::Point1Selected));//列表框选择
```

```
AddTransition(WaitForWSPoint2, WaitForWSPoint2, // WaitForWSPoint2 到自身
        IsOutputSetCondition (_pPointSelectList2Agent),
        Action ((ActionMethod) & CreateLine::SelectList2Selected));//列表框选择
AddTransition(WaitForWSPoint2, WaitForWSPoint2,
        IsOutputSetCondition (_pPoint2Agent),
        Action ((ActionMethod) & CreateLine::Point2Selected));//列表框选择
```

同时分别在 CreateLine. h 和 CreateLine. CPP 文件中，添加函数声明和实现。其中，

```
void SelectList1Selected(void * data);
void SelectList2Selected(void * data);
void Point1Selected(void * data);
void Point2Selected(void * data);
```

代理获取完成后，需要马上去初始化代理指针_pAgent→InitializeAcquisition();

```
void CreateLine::SelectList1Selected(void * data){cout << "列表 1" << endl;
        _pPointSelectList1Agent →InitializeAcquisition(); }
void CreateLine::SelectList2Selected(void * data){cout << "列表 2 " << endl;
    _pPointSelectList2Agent →InitializeAcquisition(); }
void CreateLine::Point1Selected(void * data){cout << "点 1 被获取" << endl;
        _ pPoint1Agent →InitializeAcquisition(); }
void CreateLine::Point2Selected(void * data){cout << "点 2 被获取" << endl;
        _ pPoint2Agent →InitializeAcquisition(); }
```

说明　AddTransition(WaitForWSPoint1，WaitForWSPoint2，

　　　　　IsOutputSetCondition (_pPointSelectList2Agent)，

　　　　　Action ((ActionMethod) &ClassName::SelectList2Selected));

　　程序在执行状态 WaitForWSPoint1 到状态 WaitForWSPoint2 转化时，若代理对象 _pPointSelectList2Agent 被获取，即不为空，则状态转化成功，程序会去执行类 CreateLine 中的 SelectList2Selected 函数。

　　上述工作完成后，读者可运行程序去查看程序状态的转化响应是否按照事先预定的逻辑去执行。全部部署好之后，便可进行进行详细的开发工作。

9.4　鼠标点坐标获取

　　该部分也是交互设计的一部分。鼠标点坐标获取是比较常用的一个功能，因此推荐给大家。此处，这个"点"对象的获取是定性不定量的，同时，这个"点"有两种表现形式：2D 点和 3D 点。下面将进行具体阐述。

1. 获取 3D 点

　　该部分往往嵌入到 9.2 节的代理命令中。如想去拾取面上一点，并输出坐标值，可以首先设计选择面的状态命令，并将选择点的命令嵌入其中。在程序成功拾取面后，立即去执行选择点的程序，从而输出坐标值。因而，本书假定已经构建了状态命令，同时选择面的命令如下。

　　在头文件中声明如下：

```
CATCallback          _ViewerFeedbackCB ;
```

在源文件中实现：

```
void ClassName::SelectPoint(void * data){
/ * 处理对获取面时的响应
* /
_ pSurfaceAgent ->InitializeAcquisition();
//添加一个 Callback 来响应点的获取
CATFrmLayout * pCurrentLayout = CATFrmLayout::GetCurrentLayout();
CATFrmWindow * pCurrentWindow = pCurrentLayout ->GetCurrentWindow();
pCurrentViewer = pCurrentWindow ->GetViewer();
pCurrentViewer ->SetFeedbackMode(TRUE);
ViewerFeedbackCB = ::AddCallback(this,pCurrentViewer,CATViewer::
VIEWER_FEEDBACK_UPDATE (),
}
void LBlockCreateCmd::ViewerFeedbackCB( CATCallbackEvent event,
void * client, CATNotification * iNotification,
CATSubscriberData data, CATCallback callback)
{
    pCurrentViewer ->SetFeedbackMode(FALSE);
    ::RemoveCallback(this,pCurrentViewer,_ViewerFeedbackCB); //移除响应
    CATVisViewerFeedbackEvent * pFeedbackEvent = NULL ;
    pFeedbackEvent = (CATVisViewerFeedbackEvent * ) iNotification;
    CATGraphicElementIntersection * pIntersection =
    pFeedbackEvent ->GetIntersection();
    double PtrPoint[3]; //世界坐标系下的值
    PtrPoint[0] = pIntersection ->point.GetX();
    PtrPoint[1] = pIntersection ->point.GetY();
    PtrPoint[2] = pIntersection ->point.GetZ();
}
```

　　说明　CATGraphicElementIntersection 对象的获取的原理如图 9 - 4 所示，点（3D 点）是通过与所拾取对象的相交点来定义，如果不能保证与所匹配对象的相交，就会报错。这也是把该程序嵌入到其他程序，并且在其他程序中 AddCallback，待执行完成后，马上执行 RemoveCallback 的道理所在。

2. 获取 2D 点

　　此处构建 2D 点的状态命令同 6.2 节是一致的，只是这里 2D 点的代理定义为"CATIndication--Agent * _Indication"。2D 点的获取原理是：点选屏幕点，将该点向目标面去投影获取的点的值为获取的 2D 点的值。图 9 - 5 所示为 2D 点的获取原理。

　　因此在获取 2D 点时，需要明确投影面，因而首先在构造函数中明确目标面，具体如下。通过定义轴系来定义面：

```
double pRootPoint[3] = {0,0,0};
```

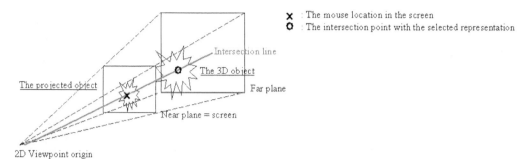

图 9 - 4 　 3D 对象获取原理

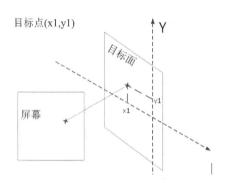

图 9 - 5 　 2D 点获取原理

```
double   pHAxis[3] = {1,0,0};
double pVAxis[3]  = {0,1,0};
CATMathPoint PointForPlane(pRootPoint);
CATMathVector FirstDir(pHAxis);
CATMathVector SecondDir(pVAxis);
CATMathPlane ObjectPlane(PointForPlane,FirstDir,SecondDir);
```

设置目标面：

```
    _Indication ->SetMathPlane (ObjectPlane);
```

最后用函数实现,可输出结果：

```
void SectionBarSteelCmd::Get2DPoint( void * data )
{
//获得的 CATMathPoint2D;
    TDpoint = _Indication ->GetValue();
    _Indication ->InitializeAcquisition();
}
```

第10章 零件设计

零件设计主要表现在特征创建和参数化设计两个方面。无论是在 Part 还是 Product 环境下,很多功能的实现都离不开特征构建,然而特征大都表现在零件层面,因此掌握特征的创建就非常重要;而参数化设计在开发中应用非常广泛,尤其表现在参数化建模过程中,通过基于模板并给定特定参数,将有效驱动模型实现产品的快速设计。

10.1 零件文档结构

数据位于文档中,不同的应用有不同的与之关联的文档类型。在文档中,数据按照不同的逻辑组织在容器中。CATIA V5 中重点描述了零件和产品的文档结构。(Part Document)至少有 4 个容器(见图 10-1):分别为产品容器(CATProdCont)、结构定义容器(CATPrtCont)、几何容器(CGMGeom)、作用域容器(CATMFBRP)。

图 10-1 零件文档容器

1. Product Container

Product Container 包含一个 ASMProduct 特征。该特征为所有产品文档中零件实例提供引用(Reference)。图 10-2 所示的 Part1.1 就是包含在一个零件文档的 ASMProduct 特征实例。Part1.1 包含零件在装配体中的位置和姿态信息,具体可参考装配设计环节中的装配原理概述。

通过零件实例,可以获取零件文档如下:

```
...
CATIProduct_var spRef = ispProduct ->GetReferenceProduct();
if ( NULL_var ! = spRef )
{
        CATILinkableObject * piLinkableObject = NULL;
        rc = spRef ->QueryInterface( IID_CATILinkableObject, (void * * )&
piLinkableObject );
    if ( SUCCEEDED(rc) )
    {
```

```
          CATDocument * pDocument = NULL ;
          pDocument = piLinkableObject ->GetDocument();
...
```

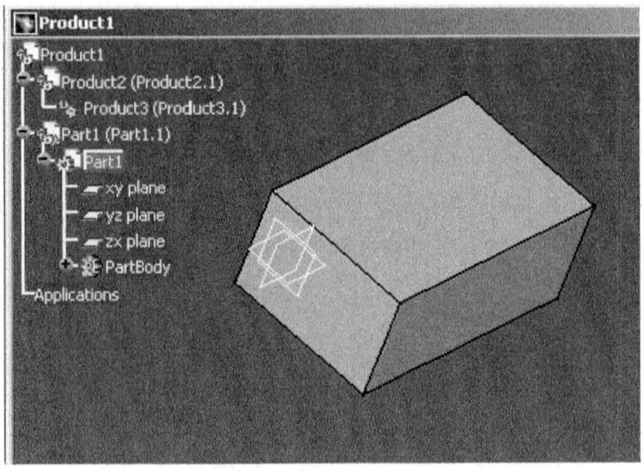

图 10 - 2　包含零件文档的 ASMProduct 特征

为获取产品容器,可以基于文档对象,借助于 CATIContainerOfDocument 进行获取代码如下:

```
...
CATDocument * pDocument = ···
CATIContainerOfDocument * pIContainerOfDocumentOnDoc = NULL ;
HRESULT rc = pDocument ->QueryInterface(IID_CATIContainerOfDocument,
                                        (void * * )&pIContainerOfDocumentOnDoc)
if (SUCCEEDED(rc) )
{
      CATIContainer * pIContainer = NULL ;
      rc = pIContainerOfDocumentOnDoc ->GetProductContainer(pIContainer);
}
...
```

2. Specification Container

Specification Container 包含零件的机械特征定义,用于存放机械设计特征的拓扑结果。图 10 - 3 中,Part1,xy plane, yz plane, zx plane, PartBody, Sketch and Pad. 2 都是机械特征。

(1) 3 类机械特征

针对机械特征,可分如下 3 类:

① 零件特征:包含设计对象的主要特征。

② 几何特征集:包含其他特征集或几何特征。

③ 几何特征:包含拓扑结果特征(a CATBody)。

(2) 3 种获取 Specificafion Container 的方式

对于 Specification Container 的获取,有如下 3 种方式:

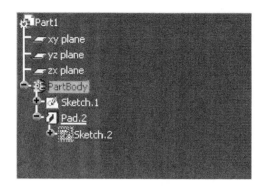

图 10 - 3　结构树

① 使用 CATIContainerOfDocument 接口进行获取。

```
…
CATDocument * pDocument = …
CATIContainerOfDocument * pIContainerOfDocumentOnDoc = NULL ;
HRESULT rc = pDocument ->QueryInterface(IID_CATIContainerOfDocument,
                                         (void * * )&pIContainerOfDocumentOnDoc)
if (SUCCEEDED(rc) )
{
     CATIContainer * pIContainer = NULL ;
     rc = pIContainerOfDocumentOnDoc ->GetSpecContainer(pIContainer);
}
…
```

② 使用 CATInit 进行获取。

```
… CATInit * pInitOnDoc = NULL ;
RESULT rc = pDocument ->QueryInterface(IID_CATInit,(void * * )&pInitOnDoc );
 if ( SUCCEEDED(rc) )
 {
     CATIPrtContainer * pIPrtCont = NULL ;
     pIPrtCont  = (CATIPrtContainer * ) pInitOnDoc ->GetRootContainer
("CATIPrtContainer");
 }
 …
```

③ 使用 CATISpecObject 进行获取。

```
  …
 CATISpecObject * pSpecObjectOnFeat = NULL ;
 HRESULT rc = pMyFeat ->QueryInterface(IID_CATISpecObject,(void * * )&
pSpecObjectOnFeat ) ;
 if ( SUCCEEDED(rc) )
 {
```

```
        CATIContainer_var spISpecCont = pSpecObjectOnFeat ->GetFeatContainer();
    }
    ...
```

3. Scope 和 Geometrical Container

Scope Container 涉及引用边界,包括零件的面(faces)、边界(edges)和顶点(vertices)。它不是固定不变的,只用于交互模式下,用于存放拓扑子元素所必要的对象,可通过 CATIContainerOfDocument 方式进行获取。而 Geometrical Container 包含了组成零件的几何特征的拓扑结果。两个容器的获取方式是一致的。

```
...
CATDocument * pDocument = ...
CATIContainerOfDocument * pIContainerOfDocumentOnDoc = NULL ;
HRESULT rc = pDocument ->QueryInterface(IID_CATIContainerOfDocument,
                                        (void * *)&pIContainerOfDocumentOnDoc)
if (SUCCEEDED(rc))
{
    CATIContainer * pIContainer = NULL ;
    rc = pIContainerOfDocumentOnDoc ->GetBRepContainer(pIContainer);
}
...
```

10.2 零件设计的 API 介绍

零件设计常用的 API 如表 10 - 1 所列。

表 10 - 1 零件设计常见 API

序号	API 接口	说 明
1	CATIProduct	零部件的根节点对象,既可以表示实例节点,也可以指向引用节点。主要函数为 ::GetAllChildren,可以获取当前节点下的给定类型的所有元素
2	CATILinkableObject	用以获取一个对象(如点、线等)关联的文档对象。主要函数为 :: GetDocument,获取关联的文档对象
3	CATIContainer	意为容器,通过其可以获取该容器下的的所有元素
4	CATIContainerOfDocument	用来获取零件文档的 4 个主容器对象。主要函数为 :: GetBRepContainer,用于存放拓扑子元素所必要的对象 ::GetProductContainer,存放装配相关特征 ::GetResultContainer,存放几何元素的拓扑结果 ::GetSpecContainer,存放机械设计特征的拓扑结果

序号	API 接口	说　明
5	CATDocument	文档对象,表示零件、装配体等文件文档对象
6	CATISpecObject	特征对象,所有特征的通用类,可表征特征结构树所有元素
7	CATIGSMFactory	创建三维几何对象,如点、线、平面、曲线和曲面等
8	CATIPrtFactory	创建孔特征、拉伸特征实体等
9	CATICkeParmFactory	设定参数
10	CATI2DWFFactory	创建二维几何元素,如点、圆弧、直线、样条曲线等
11	CATI2DConstraintFactory	创建草图的约束
12	CATISketch	草图对象,如创建草图下的元素,需要获取该对象。主要函数为 ∷OpenEdition,打开草图编辑 ∷CloseEdition,关闭草图编辑
13	CATIMmiOrderedGeometricalSet	有序几何图形集,由 CATIMechanicalRootFactory 创建
14	CATIMmiNonOrderedGeometricalSet	无序几何图形集,由 CATIMechanicalRootFactory 创建
15	CATICutAndPastable	用于进行元素复制和粘贴操作。主要函数为 ∷BoundaryExtract:按照一定格式下构建对象,用于复制等操作 ∷Paste:复制对象

10.3　特征创建

零件的特征是一个较为广泛的概念,主要包括零件的二维和三维几何元素(点、线、面)、基于草图的特征(拉伸、旋转、凹槽等)、参数特征、修饰特征(倒角、拔模、盒体等)、变换特征(平移、旋转、对称等)。就狭义而论,如果能够在 CATIA 特征树上呈现出来的均属于特征(内在表现为 CATISpecObject 类型)。CATIA 提供了很多创建特征的函数,这些函数虽不一样,但原理相同。下面以创建几何元素为例,阐述特征的创建。

1. 2D 点的创建

在 Part 环境下,于 XY 平面上创建草图,并在该草图上创建 2D 点。读者可先自行添加头文件,并在预定义文件中添加 Module 和 Framework。步骤如下:

① 添加头文件

```
# include "CATFrmEditor.h"
# include "CATDocument.h"
# include "CATIPrtContainer.h"
# include "CATIContainer.h"
# include "CATISketchFactory.h"
# include "CATIPrtPart.h"
# include "CATISpecObject.h"
```

```
# include "CATIContainerOfDocument.h"
# include "CATInit.h"
# include "CATLISTV_CATISpecObject.h"
# include "CATISketch.h"
# include "CATI2DWFFactory.h"
# include "CATI2DPoint.h"
```

② IdentityCard.h 中添加 Framework

```
AddPrereqComponent("SketcherInterfaces",Public);
AddPrereqComponent("MecModInterfaces",Public);
AddPrereqComponent("ObjectModelerBase",Public);
AddPrereqComponent("ObjectSpecsModeler",Public);
```

③ Imakefile.mk 中添加 Module

```
WIZARD_LINK_MODULES = JS0GROUP \
JS0FM    DI0PANV2    CATApplicationFrame    CATMecModInterfaces \
CATSketcherInterfaces CATObjectModelerBase CATObjectSpecsModeler \
CATSketcherInterfaces
```

④ 源代码

```
void XXX::Create2DPoint()
{
//首先获取类厂指针,均从 CATIContainer 而来
CATFrmEditor * pEditor = CATFrmEditor::GetCurrentEditor();
CATDocument * pDoc = pEditor ->GetDocument();//获取当前的文档对象
CATIContainerOfDocument_var spConODocs = pDoc;
CATIContainer * pSpecContainer = NULL;
HRESULT hr = spConODocs ->GetSpecContainer(pSpecContainer);
CATISketchFactory_var spSketchFactory(pSpecContainer);//至此完成获取
//首先获取一个 CATIPrtPart 变量
CATInit_var spInit(pDoc);
CATIPrtContainer * spPrtCont = NULL;
spPrtCont = (CATIPrtContainer * ) spInit ->GetRootContainer
("CATIPrtContainer");
CATIPrtPart_var spPart = spPrtCont ->GetPart();
//确定草图输入参数,获取当前文档的 XY 面
CATLISTV(CATISpecObject_var) spListRefPlanes =
                                        spPart ->GetReferencePlanes();
//三个参考平面,第一为 XY
CATISpecObject_var spSketchPlane = spListRefPlanes[1];
//利用草图类厂创建草图
CATISketch_var spSketch(spSketchFactory ->CreateSketch
(spListRefPlanes[1]));
// 以下在该草图上创建一个点,需要先进入草图,创建完成后,退出草图
```

```
spSketch ->OpenEdition();//要进入草图,最后退出草图
CATI2DWFFactory_var sketch2DFactory(spSketch);
CATI2DPoint_var sp2DPoint;
//定义二维点,此处可以灵活运用变量
double pt2D[2] = { 10.,10.};
sp2DPoint = sketch2DFactory ->CreatePoint(pt2D);
spSketch ->CloseEdition();
}
```

2. 3D 点的创建

在 Part 环境下,创建 3D 点。以下头文件、IdentityCard.h、Imakefile.mk 均是基于上节文件添加的,读者自行调试。后续程序将只给定主程序,预定义文件的添加请参考第 7 章的有关内容。

（1）头文件

```
# include "CATIGSMFactory.h"
# include "CATIGSMProceduralView.h"
```

（2）IdentityCard.h 中添加 Framew

```
AddPrereqComponent("GSMInterfaces",Public);
```

（3）Imakefile.mk 中添加 Module

```
CATGitInterfaces
```

（4）源代码

```
void XXX::Create3DPoint()
{
//首先获取创建特征的接口
CATFrmEditor * pEditor = CATFrmEditor::GetCurrentEditor();
CATDocument * pDoc = pEditor ->GetDocument();
CATIContainerOfDocument_var spConODocs = pDoc;
CATIContainer * spPrtCont = NULL;
HRESULT hr = spConODocs ->GetSpecContainer(spPrtCont);
CATIGSMFactory_var spGSMFactory = NULL_var;
spGSMFactory = spPrtCont;
//初始化三维数据点,并创建 D 点特征
double Coords[3] ={10.0,10.0,10.0};//定义一个数组
CATIGSMPoint_var spPoint1 = spGSMFactory ->CreatePoint(Coords);
CATISpecObject_var spSpecPoint1 = spPoint1; //转换为 CATISpecObject 类型
//在三维中显示,或者不添加,保存文件并再次打开也可看到效果,只是 CATIA 自行完成
spSpecPoint1 ->Update();
    CATIGSMProceduralView_var spPntObj = spSpecPoint1;
    spPntObj ->InsertInProceduralView();
}
```

说明

① 对于创建特征的思路：

a）获取 Container 并以其初始化创建特征的接口指针。

b）初始化或读取特征的输入参数并给予创建特征的接口指针进行创建。

c）其他如显示等操作。

② 上述代码均未添加防错程序，读者自行添加，上述程序运行的唯一必要条件是保证在 Part 环境下去运行代码，否则会导致 CATIA 崩溃。

③ 判断并预防 Bug 的能力也是开发者应该具备的素质，大家可从查找崩溃的原因中提高对 CATIA 开发的理解。

10.4 元素遍历

元素的选择是开发过程中非常重要的环节，若要操作一个模型元素，比如修改参数、尺寸或者删除全部的点特征，首先需要选择相应的元素才能获取其指针（可理解为操作权）。选择方式有多种，常见的主要有交互选择和自动选择。自动选择能够满足自动批量化的功能需求，是通过元素遍历来实现的。下面将用一个例子来说明元素遍历的工作原理，该原理同样适用于装配环境下特征的遍历。

任务：假设要遍历一个模型中的特定特征（以点为例），并将每个点的坐标输出。

```
void XXX::VisitFeature()
{
//获取零件根节点(获取根节点将会很广泛)
CATFrmEditor * pEditor = CATFrmEditor::GetCurrentEditor();
CATDocument * pDoc = pEditor ->GetDocument();
CATIDocRoots * piDocRootsDoc = NULL;
HRESULT rc = E_FAIL;
rc = pDoc ->QueryInterface(IID_CATIDocRoots, (void * * ) &piDocRootsDoc);
CATIProduct_var RootProduct = NULL_var;
if ( SUCCEEDED( rc ) ){
    CATListValCATBaseUnknown_var * pRootProducts =
piDocRootsDoc ->GiveDocRoots();
    if (NULL != pRootProducts){
        if (pRootProducts ->Size() > 0)
RootProduct = ( * pRootProducts)[1];
        delete pRootProducts; pRootProducts = NULL;
    }
    piDocRootsDoc ->Release();      piDocRootsDoc = NULL;
        }
//进行点(内在表现为 CATIGSMPoint)元素的遍历
        CATIParmPublisher_var spParmPub(RootProduct);
        CATListValCATISpecObject_var ListPoint;
        spParmPub ->GetAllChildren("CATIGSMPoint",ListPoint);//获取零件几何体
```

```
//遍历获取的数据存在于列表中,读取至 SelectorList 列表中
        for (int i = 1;i<= ListPoint.Size();i + +){
            CATIMeasurablePoint_var pMeasurablePoint = ListPoint[i];
            CATMathPoint pCATMathPoint;
            pMeasurablePoint ->GetPoint(pCATMathPoint);
            CATUnicodeString str("坐标:");                        //规范格式
            CATUnicodeString StringTmp;
            StringTmp.BuildFromNum(pCATMathPoint.GetX());      //将数值转化为字符
            str.Append(StringTmp).Append("\t");
            StringTmp.BuildFromNum(pCATMathPoint.GetY());
            str.Append(StringTmp).Append("\t");
            StringTmp.BuildFromNum(pCATMathPoint.GetZ());
            str.Append(StringTmp).Append("\t");
            _SelectorList ->SetLine(str);//显示在 List 中
        }
}
```

　　说明　特征的遍历在 CAA 开发中是很常见的,需要好好掌握。其中遍历的关键则是要获知所遍历特征类型(接口),只有这样,后续才能利用接口的函数方法,实现对对象的操作。

10.5　零件参数化设计

　　尺寸参数驱动是基于预定义零件文件的,通过给定一个或多个参数,去驱动模型的相关尺寸发生变化,从而实现产品快速建模。本书将以长方体为例,进行不同规格高度的长方体设计。参数化设计的核心都是一样的,只要知道预定义零件文件中的参数(本例为 H)及预赋的值(可从数据库、文本控件等给以)即可,关于预定义零件中的关系式不需深究。图 10 - 4 所示为尺寸参数驱动原理图。

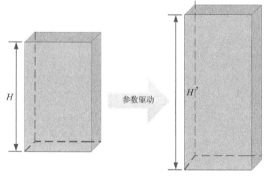

图 10 - 4　尺寸参数驱动原理

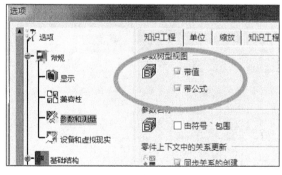

图 10 - 5　特征树显示设置

1. 预定义零件的定义

　　如果定义参数或设置关系式后,无法在特征树上看到,则需要在 CATIA 中进行设置。进入"工具|选项|"去进行设置,如图 10 - 5 所示。

　　零件预定义属于 CATIA 知识工程的范畴,读者可参考相关书籍。关于本书长方体的参

数和关系的设置,主要有三个步骤:完成建模→设定参数 H→建立参数 H 和凸台高度的关系,具体操作如图 10-6 所示。

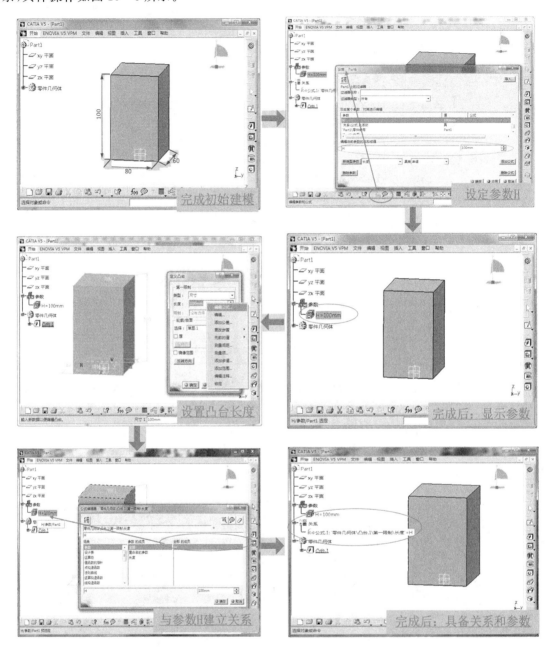

图 10-6　创建参数关联的模型

2. 参数驱动

程序保留了接口,即长方体的参数 H(作为特征识别码),本书将利用元素遍历的方法,去遍历预定义零件的特征名称直到匹配到字符串"H",获得对象。为方便操作,设计一个直观的操作界面。图 10-7 所示为参数驱动界面。

实现的代码如下:

```
void xxx::ParaDesign()
{
/*1. 获取文档根节点 Root*/
    CATFrmEditor* pEditor = CATFrmEditor::GetCurrentEditor();
    CATDocument * pDoc = pEditor ->GetDocument();
    CATIDocRoots * piDocRootsOnDoc = NULL;
    pDoc ->QueryInterface(IID_CATIDocRoots,(void * *) &piDocRootsOnDoc);
    CATListValCATBaseUnknown_var * pRootProducts = piDocRootsOnDoc ->
GiveDocRoots();
    CATIProduct_var Root = (* pRootProducts)[1];
/*2. 获取参数特征集*/
    CATIParmPublisher_var spParmPub(Root);
    CATListValCATISpecObject_var List;//列表
    CATICkeParm * pICkeParm = NULL;
    spParmPub ->GetAllChildren("CATICkeParm",List);//获取零件几何体
/*3. 通过名称匹配查找"H"参数*/
    int lSize = List.Size();//获取特征集个数
    for (int k = 1;k< = lSize;k++)
{
        List[k] ->QueryInterface(IID_CATICkeParm,(void * *) &pICkeParm);
        CATUnicodeString ParameterName = pICkeParm ->RelativeName();
        CATUnicodeString StrValue = _ParaEdit ->GetText();
        double DValue = 0.0;
        StrValue.ConvertToNum(&DValue);
        if (ParameterName == "H"){
pICkeParm ->Valuate(DValue/1000);
break;
}//设置高度
}
/*4. 更新模型*/
        CATISpecObject_ var SpecRoot(Root);//将 CATI-
Produt 转化成 CATISpecObject
        SpecRoot ->Update();
}
```

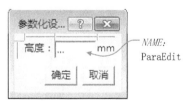

图 10 - 7　参数驱动界面

说明　打开长方体,在零件设计模式下运行上述代码,设置高度值便会变换模型。

10.6　几何图形集创建

几何图形集可以用来管理点、线、曲面等几何元素,具备图层的概念。几何图形集分为有序的和无序的几何图形集。顾名思义,如果是有序的几何图形集,则其子级元素是按照创建顺

序固定下来的,不可重新排序,且其中的几何元素不可重用。通过几何图形集可以构建成一个群组,以便于逻辑区分。例如在汽车设计领域,会借助几何图形集来管理工位的信息。

对有序和无序几何图形集的开发操作方式完全一致,两者的关系如表 10-2 所列。本节以无序几何图形集为例进行几何图形集的读取和创建。

表 10-2 几何图形集

名 称	安全设置接口	图 标
有序几何图形集	CATIMmiOrderedGeometricalSet	
无序几何图形集	CATIMmiNonOrderedGeometricalSet	

任务:在零件设计模式下,读取已经存在的几何图形集至列表中,亦可以新建一个几何图形集,基本界面设计如图 10-8 所示。

图 10-8 几何图形集显示和创建

1. 遍历 part 中的几何图形集

```
void ReadGeometricalList()
{
    //获取根节点
    CATFrmLayout * pLayout = CATFrmLayout::GetCurrentLayout();
    CATFrmWindow * pWindow = pLayout->GetCurrentWindow();
    CATFrmEditor * pEditor = pWindow->GetEditor();
    CATDocument * pDoc = pEditor->GetDocument();
    CATIDocRoots * piDocRootsOnDoc1 = NULL;
pDoc->QueryInterface(IID_CATIDocRoots,(void * *) &piDocRootsOnDoc1);
    CATIProduct_var spRootProduct = NULL_var;
    CATListValCATBaseUnknown_var * pRootProducts = piDocRootsOnDoc1->
GiveDocRoots();
```

```
        if (pRootProducts ->Size()){
spRootProduct = (＊pRootProducts)[1];//根结点
        }


        //遍历 CATIMmiNonOrderedGeometricalSet 对象
        CATIParmPublisher_var spParmPub(spRootProduct);
        CATListValCATISpecObject_var ListGSMTool;//列表
spParmPub ->GetAllChildren("CATIMmiNonOrderedGeometricalSet",
ListGSMTool);
        int lSize = ListGSMTool.Size();
        CATIProduct ＊ SubProductItem = NULL;
        for(int i = 1;i<= lSize;i++){
        CATIAlias_var spAlias = NULL_var;
        spAlias = ListGSMTool[i];
//获取名字
        CATUnicodeString oValue = spAlias ->GetAlias().ConvertToChar();
        _SelectorList ->SetLine(oValue);// _SelectorList 列表控件
        }
}
```

2. 创建几何图形集

```
void Create(CATUnicodestring str)
{
//获取当前文档对象
        CATFrmLayout ＊ pLayout = CATFrmLayout::GetCurrentLayout();
        CATFrmWindow ＊ pWindow = pLayout ->GetCurrentWindow();
        CATFrmEditor ＊ pEditor = pWindow ->GetEditor();
        CATDocument ＊ pDoc = pEditor ->GetDocument();
        CATInit_var spInitOnDoc(pDoc);


//获取 container
        CATIPrtContainer ＊ spPrtCont = (CATIPrtContainer＊) spInitOnDoc ->
GetRootContainer ("CATIPrtContainer");
        CATIMechanicalRootFactory＊ spMechRoot = NULL;
        spPrtCont ->QueryInterface(IID_CATIMechanicalRootFactory,(void＊＊)&
spMechRoot);
//Returns the MechanicalPart feature.
        CATISpecObject_var spPart = spPrtCont ->GetPart();
        CATISpecObject_var spGeomFeat = NULL_var;
        spMechRoot ->CreateGeometricalSet(str,spPart,spGeomFeat);
        spGeomFeat ->Update();
}
```

10.7 零件包围盒计算

在很多场合中需要计算零件的包围盒,例如工程图投影布局中,就需要知道零件的轮廓大小。CATIA 并不提供直接求取 Part 包络的接口,本书将提供一种方法。由于 CATIA 中零件是由零件几何体构建的,因此可以计算零件几何体的包围盒,关键的接口为:CATBody::GetBoundingBox。

构建一个包围盒结构体表示:

```
struct Envelopebox{
        double ioXMin, ioXMax,ioYMin, ioYMax, ioZMin, ioZMax;
}UnitBox;//包围盒结构体
```

① 获取零件集合体,通过 CATIBodyRequest 接口,可以获取零件集合体和几何图形集。

```
CATIDescendants_var spDescendants(spPartChild);// spPartChild 零件的根节点
CATListValCATISpecObject_var BodyChild;
spDescendants->GetAllChildren("CATIBodyRequest", BodyChild);
int number = BodyChild.Size();//获取个数
```

② 对第 i 个零件几何体进行处理,通过特征对象过滤掉几何图形集对象,并获取 CATBody。

```
CATISpecObject * piSpecOnPart = NULL;
piSpecOnPart = BodyChild[i];//对第 i 个对象进行处理
if (piSpecOnPart->GetType() == "MechanicalTool"||
piSpecOnPart->GetType() == "HybridBody"){
iSpecOnPart->QueryInterface(IID_CATIBodyRequest, (void * *)&
piBodyRequestOnPartBody);
//进行判空处理
CATLISTV(CATBaseUnknown_var) pListResult;
piBodyRequestOnPartBody->GetResults("", pListResult));
//进行判空处理
CATBaseUnknown_var CurrentFeat = pListResult[1];
CATIGeometricalElement * piGeoElem = NULL;
CurrentFeat->QueryInterface(IID_CATIGeometricalElement,(void * *)&
piGeoElem);
piBody = piGeoElem->GetBodyResult();
}
```

③ 获取零件集合体包围盒。

```
CATMathBox othisBox;
piBody->GetBoundingBox(othisBox);
double dXMin = 0.0;double dXMax = 0.0;
double dYMin = 0.0;double dYMax = 0.0;
```

```
double dZMin = 0.0;double dZMax = 0.0;//定义包络盒值
//获取到零件集合体的包络
othisBox.GetLimits(dXMin,dXMax,dYMin,dYMax,dZMin,dZMax);
```

④ 初始化 Envelopebox,并对包围盒的大小进行限制,得到最终的包围盒。

```
Envelopebox Box;
if (flag == 0){
Box.ioXMin = XMin;
Box.ioXMax = XMax;
Box.ioYMin = YMin;
Box.ioYMax = YMax;
Box.ioZMin = ZMin;
Box.ioZMax = ZMax;
flag = 1;
}
//判断包围盒的值,如果过小或过大,则忽略
if (abs(XMin)＞1e－4&&abs(XMin)＜1e8&&abs(XMax)＞1e－4&&abs(XMax)＜1e8&&
abs(YMin)＞1e－4&&abs(YMin)＜1e8&&abs(YMax)＞1e－4&&abs(YMax)＜1e8&&
abs(ZMin)＞1e－4&&abs(ZMin)＜1e8&&abs(ZMax)＞1e－4&&abs(ZMax)＜1e8){
//比较每个包围盒,获取最值
if (Box.ioXMin＞XMin)Box.ioXMin = XMin;
if (Box.ioXMax＜XMax)Box.ioXMax = XMax;
if (Box.ioYMin＞YMin)Box.ioYMin = YMin;
if (Box.ioYMax＜YMax)Box.ioYMax = YMax;
if (Box.ioZMin＞ZMin)Box.ioZMin = ZMin;
if (Box.ioZMax＜ZMax)Box.ioZMax = ZMax;
}
```

10.8　特征对象的复制和剪切

　　对象的复制和剪切是特征快速创建的手段,用到的主要接口为 CATICutAndPastable,因此在很多场合可以使用,例如在基于一些模板的设计中,可以直接复制模板中的对象进行特征的创建。但是,这种方法也有局限,如果一些特征的构建具有一些依赖关系,如果单纯复制结果特征,就会得到一个空壳特征(丢失参数),自然也就没有意义。在 CATIA 中粘贴有如图 10-9 所示的方式,因此,比较常见的方式会是"按结果"进行粘贴。编者的一个项目中,有

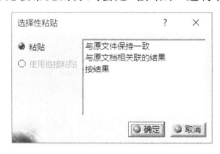

图 10-9　粘贴方式

一个任务是:通过交互拾取一个特征(spFrom),并将该特征 copy 到已知的对象(spTo)中。

整个过程分为六个步骤,读者可以分步查看。

```
void xxx::Copy_Paste_Function(CATBaseUnknown_var spFrom,CATISpecObject_var_spTo){
// Step 1    获取待复制点的 CATIPrtContainer spPrtCont
CATIPrtContainer * spPrtCont = NULL;//根容器
CATISpecObject_varspSpecFrom = spFrom;
CATILinkableObject * pLinkableObject = NULL;
spSpecFrom ->QueryInterface(IID_CATILinkableObject,(void * * ) &
pLinkableObject);
CATDocument * pPartDocSelect = pLinkableObject ->GetDocument();
CATInit_varspInitOnDoc(pPartDocSelect);
CATLockDocument(( * pPartDocSelect));
spPrtCont = (CATIPrtContainer * ) spInitOnDoc ->GetRootContainer
("CATIPrtContainer");
//Step 2    获取目标位置的 CATIPrtContainer spPrtCont2
CATILinkableObject * piLinkableObject = NULL;
HRESULT rc = E_FAIL;
rc = spTo ->QueryInterface(IID_CATILinkableObject,(void * * )&
piLinkableObject);
if (FAILED(rc))
return;
CATIPrtContainer * spPrtCont2 = NULL;
CATDocument * pDocument = piLinkableObject ->GetDocument();
CATInit_varspInitOnDoc2(pDocument);
CATLockDocument(( * pDocument));
spPrtCont2 = (CATIPrtContainer * ) spInitOnDoc2 ->GetRootContainer
("CATIPrtContainer");
CATISpecObject_varspSourcePart = NULL_var;
spSourcePart = spPrtCont2 ->GetPart();
if(spPrtCont2 == spPrtCont){/ * 相等则表示选择的是统一对象 * /}
//Step 3    获取复制对象
CATPathElement * pathspTo = newCATPathElement(spTo);//对象更换
CATLISTV(CATBaseUnknown_var) listspTos;
listspTos.Append(pathspTo);//specobject 对象
//Step 4    复制前处理
CATICutAndPastable_varspStartCAPOnPrtCont(spPrtCont);
CATLISTV(CATBaseUnknown_var) ToCopy;
ToCopy.Append(spFrom);
CATLISTV(CATBaseUnknown_var) listObjectsAlreadyInBoundary;
int resultat = spStartCAPOnPrtCont ->BoundaryExtract(
listObjectsAlreadyInBoundary,&ToCopy,NULL);
CATBaseUnknown_varspEltCopy = spStartCAPOnPrtCont ->Extract(
listObjectsAlreadyInBoundary,NULL);
CATICutAndPastable_varspCAPOnEltCopy(spEltCopy);
```

```
CATLISTV(CATBaseUnknown_var) listObjects;
int resultat2 = spCAPOnEltCopy ->BoundaryExtract(listObjects,NULL,NULL);
CATICutAndPastable_varspEndCAPOnPrtCont(spPrtCont2);
//Step 5    复制并更新
CATLISTV(CATBaseUnknown_var) spFinalObject = spEndCAPOnPrtCont ->Paste(
listObjects,&listspTos,NULL);
spSourcePart ->Update();
//Step 6    判断
if (spFinalObject == NULL){/ * UserDefineFunction：：MessageShow("为空"); * /}
CATUnLockDocument((* pPartDocSelect));
CATUnLockDocument((* pDocument));
}
```

第 11 章　装配设计

11.1　装配原理概述

    Product(产品)是装配设计的产物。在 CATIA 中,往往通过约束的方法实现两个对象之间的位置变换,从而完成装配,但其本质就在于不同对象之间的坐标系姿态矩阵的变换。为此,本章以如图 11 - 1 为例,介绍 CATIA 的装配模型信息。

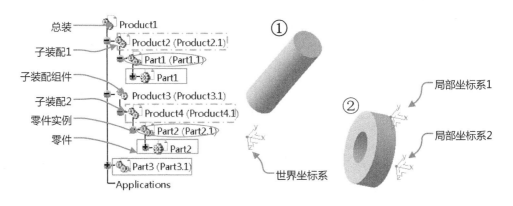

图 11 - 1　装配模型信息

    总装是由零件和(或)组件组成,而组件由子装配组成。零件装配时会生成一个"零件实例"。该实例包含了零件在装配体的位置和姿态参数,因此在进行位置装调时,一定要注意获取的是实例对象,而不是"零件"对象。其实不管是零件还是组件,装配时均是基于坐标系而言的。如图 11 - 2 所示,总装的坐标系则是世界坐标系 $O - ijk$,是固定不变的,而图中①与②对象的坐标系是根据世界坐标系来表示的,因而称为局部坐标系。局部坐标系 $p - xyz$ 可用公式(11 - 1)矩阵进行解析。

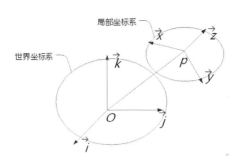

图 11 - 2　坐标系表示

$$f(Axis) = \begin{bmatrix} a_x & b_x & c_x & p_x \\ a_y & b_y & c_y & p_y \\ a_z & b_z & c_z & p_z \\ 0 & 0 & 0 & 1 \end{bmatrix} \tag{11-1}$$

式中：X 轴向量为 (a_x, a_y, a_z)；

$\quad\quad$ Y 轴向量为 (b_x, b_y, b_z)；

$\quad\quad$ Z 轴向量为 (c_x, c, c_z)；

$\quad\quad$ 原点坐标 P 为 (p_x, p_y, p_z)。

在矩阵中，第四行主要是为了构建齐次矩阵而用，为定值，无须改动。零件或组件可视为一个整体，固连了一个坐标系，因此，要对一个整体进行移动，只需去改变这个坐标系的表示，即去改动其矩阵值，即可实现位置和姿态的变换，从而实现装配。当然，这个矩阵的表示可以以组件的坐标系为基准，如图 11-1 所示。Part1 可以以 Product2 的坐标系为基准，而 Product2 的坐标系又是以 Product1 的坐标系为基准的。这个不以世界坐标系为基准的表示可称为相对位置。然而，编者在开发过程中，均习惯并建议将各类坐标系统一到世界坐标系中，即获取到零件和组件的绝对位置后，进行统一处理。

11.2　装配设计的 API 介绍

装配设计常用 API 如表 11-1 所列。

表 11-1　装配设计常用 API

序号	API 接口	说明
1	CATIProduct	零部件的根节点对象，既可以表示实例节点，也可以指向引用节点。主要函数为 ::GetChildren，可以获取当前节点下的所有 CATIProduct 元素 ::AddProduct，装配插入一个子零部件对象
2	CATMathTransformation	表征装配环境下的位置姿态矩阵。主要函数为 ::GetCoef，读取分量值 ::SetCoef，设置分量值
3	CATIMovable	设置和读取一个零部件下的位置姿态 CATMathTransformation 主要函数为 ::SetAbsPosition，应用 CATMathTransformation 值 ::GetAbsPosition，读取 CATMathTransformation 值
4	CreateConstraint	全局函数，用以创建装配约束
5	CATIConflict	干涉结果类，表示碰撞、接触等冲突结果
6	CATIAProduct	Automation 下的产品类，对应于 CATIProduct
7	CATIAClash	Automation 下的干涉类。主要函数为 ::SetComputationCase，设置是碰撞类型，是干涉还是接触等 ::SetGroupMode，设置检查范围

11.3　零部件的装配

零部件装配是装配设计中的必要内容。无论是零件还是装配体,均可以安装在一个 Product 下,用到的接口为 CATIProduct∷AddProduct。该函数的功能如下:

```
CATIProduct_var  AddProduct( CATIProduct_var &iProduct, const
CATIContainer_var  & iCont = NULL_var)
```

Role:将文档装配到一节点下

Parameters:

iProduct 　　　:源对象 reference product

iCont 　　　: 　为空即可

Returns:

实例化的 instance product 对象(这个就是新建的装配节点)

为了实现该功能,需要获取零部件和装配体的根节点,获取方法可参考 10.3 节元素遍历中给出的根节点获取方法,然后利用 AddProduct 便可将零部件以默认姿态和位置安装到装配体下面,可以在后期对装配的位置和姿态进行变换,达到合理的装配位置。

11.4　位置和姿态变换

坐标系是个 4×4 的矩阵,在 CAA 中有专门的类型:CATMathTransformation,通过该类可以对矩阵进行求逆、点乘、叉乘等操作,从而这为装配的变换提供便利。通过 CATMath-Transformation∷SetCoef()和 CATMathTransformation∷GetCoef()可以设置和获取一个坐标系矩阵。那么,这个矩阵从何处获取,并且如何运用呢? 事实上,这个操作权均是从"组件"和"零件实例"内在的 CATIProduct 的接口获取而来的。读写关系如图 11-3 所示。

例如:如果将图 11-1 所示的步骤①对象进行移动,其操作步骤如下:

① 获取 Part(Part1. 1)这个对象的 CATIProduct 接口(可进行元素遍历获取或交互获取);

② 然后通过 QueryInterface 获取 CATIMovealbe 对象;

③ 构建最终位置和姿态矩阵 CATMathTransformation;

④ 利用 SetAbsPosition,应用 CATMathTransformation 矩阵。

1. CATIProduct 的获取

CATIProduct 的概念存在于两个方面:

① 文档(零件、产品)的根节点;

② 产品的子装配节点:其中文档的根节点(为 CATIProduct 对象)属于固有节点,获取的对象属于 reference product(源对象,通过该 CATIProduct 获取的位置和姿态信息为标准矩阵,可以理解为不包括位置和姿态信息);而子装配节点属于 Instance product(实例对象,包含位置和姿态信息,通过其可以追溯到源对象)。映射关系如图 11-4 所示。

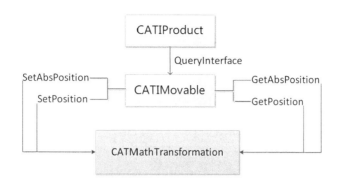

图 11 - 3　装配关系变换

　　总而言之,instance product 是针对装配环境而言的,只有其才包含位置和姿态信息。因此,读者在进行位置和姿态调整时,一定要注意获取的是子装配节点(可简单理解为特征树上可见的装配节点)的 CATIProduct,而不是内在的文档根节点的 CATIProduct。

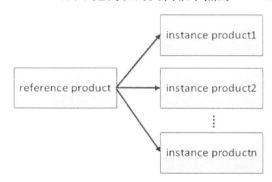

图 11 - 4　CATIProduct 的映射关系

　　(1) 获取已有装配节点

　　示例对图 11 - 1 所示的已有的 Part2(Part2.1)这个装配节点进行 CATIProduct(变量定义为:spRightProduct)的获取。以下为关键代码,读者自行去理解运用。

```
//获取零件根节点
CATFrmEditor * pEditor = CATFrmEditor::GetCurrentEditor();
CATDocument * pDoc = pEditor ->GetDocument();
CATIDocRoots * piDocRootsDoc = NULL;
HRESULT rc = E_FAIL;
rc = pDoc ->QueryInterface(IID_CATIDocRoots, (void * * ) &piDocRootsDoc);
CATIProduct_var RootProduct = NULL_var;
if ( SUCCEEDED( rc ) )
{
CATListValCATBaseUnknown_var * pRootProducts = piDocRootsDoc ->
GiveDocRoots();
        if (NULL ! = pRootProducts){
    if (pRootProducts ->Size() > 0)
RootProduct = ( * pRootProducts)[1];
```

```
                delete pRootProducts; pRootProducts = NULL;
            }
            piDocRootsDoc ->Release();
    piDocRootsDoc = NULL;
    }
//进行 CATIProduct 元素的遍历
CATIParmPublisher_var spParmPub(RootProduct);
CATListValCATISpecObject_var ListProduct;
spParmPub ->GetAllChildren("CATIProduct", ListProduct);//获取零件几何体
//通过名称匹配获取数据
CATIProduct_var spRightProduct;
for (int i = 1;i< = ListProduct.Size();i ++ )
{
        if(ListProduct[i] ->GetPartNumber() == "Part2")
        {
            spRightProduct = ListProduct[i];
        break;
        }
}
```

（2）获取新建的装配节点

示例将以图 11 - 1 为基础，再实例化一个 Part2，即读取 Part2 的 reference Product，并将其装配到根节点下（Product1）。代码如下：

```
//获取 reference Product
CATIProduct_var spRefProduct = spRightProduct ->GetReferenceProduct();
//装配到节点
CATIProduct_var spNewProduct = NULL_var;
spNewProduct = RootProduct ->AddProduct(spRefProduct);
```

2. 位置和姿态参数的获取

针对 Part2（Part2.1）进行位置和姿态的获取，读者在测试过程中，可以利用指南针拖动该节点来改变其位置和姿态，并对比输出位置和姿态参数值 PositionArray[16] 的变化。

代码如下：

```
CATIMovable  * piMovable = NULL;
//获取旋转指针
spRightProduct ->QueryInterface(IID_CATIMovable, (void * * ) & piMovable);
double PositionArray[16]; //矩阵分量
CATMathTransformation ProductPosition;       //定义一个矩阵
piMovable ->GetAbsPosition(ProductPosition); //获取装配在世界坐标系的绝对位置
ProductPosition.GetCoef(PositionArray,16); //获取分量值
/ *  可以查看 PositionArray 的 16 个值 * /
```

相对姿态的获取：

同时，大家可以尝试去获取相对的姿态，下面是其函数定义 GetPosition 获取相对的位置

与姿态。

```
CATMathTransformation GetPosition( const CATIMovable_var& iPosObj,
const CATRepMode& Id = CATPrd3D,
const CATBoolean iInCtxt = TRUE) const = 0
```

参　数：

iPosObj:相对的基准,如果为空,则以世界坐标系为基准。

Id :默认即可。

iInCtxt:默认即可。

返回：

姿态矩阵

3. 位置和姿态参数的应用

针对 Part2(Part2.1)进行位置和姿态的变换。读者在测试过程中,可以任意或按照自己的理解构建位置和姿态的参数值 PositionArray[16],并进行应用,然后,查看来比对 part2 在 3D 模型中位置和姿态的变化。

代码如下：

```
CATIMovable * piMovable = NULL;
//获取旋转指针
spNewProduct ->QueryInterface(IID_CATIMovable, (void * * ) & piMovable);
double PositionArray[16] = //矩阵分量
{ 0, 0, -1, 100, //该部分值的求解是至关重要的,进行位置和姿态调整,均需要正确求得该
0, 1, 0, 200, //值才能变换装配的姿态(常见的变换方法如下)
1, 0, 0, 300,
0, 0, 0, 1 }; //姿态绕 Y 轴逆时针旋转 90°,位置移动到(100,200,300)这个位置
CATMathTransformation ProductPosition;          //定义一个矩阵
ProductPosition.SetCoef(PositionArray,16);       //赋值
piMovable ->SetAbsPosition(ProductPosition);     //设置装配装配姿态
```

常见变换方法：

① 平移。

② 绕一个向量旋转一个角度。

③ 矩阵求逆、叉积、乘积等。

11.5　约束创建

约束是装配的重要手段,常见的约束有固定、平行、相合、平移、角度、接触等。如 catCstTypeReference 表示固定约束,约束类型如图 11-5 所示。通过约束关系,可以使组件之间的相对关系发生变化。而在这个变化过程中,用户不需要考虑姿态是如何变换的,只需要简单去设定约束类型即可,约束的目的依然是位置和姿态矩阵的变换,只是系统已经为开发人员打包成一个"工具"而已,开发人员可以利用现成的"工具",达到组件快速装配的目的。固定约束是约束中输入最少,相对而言比较容易理解的约束。本书将以固定约束为例,阐述约束的创建。

进行固定约束开发,可主要划分的三个步骤,具体见如下代码:

- catCstTypeReference, used in Fix Constraint, value = 0
- catCstTypeDistance, used in Offset Constraint, value = 1
- catCstTypeOn, used in Coincidence Constraint, value = 2
- catCstTypeAngle, used in Angle Constraint, value = 6
- catCstTypePlanarAngle, used in Angle Constraint, value = 7
- catCstTypeParallelism, used in Angle Constraint, value = 8
- catCstTypePerpendicularity, used in Angle Constraint, value = 11
- catCstTypeSurfContact, used in Contact Constraint, value = 20
- catCstTypeLinContact, used in Contact Constraint, value = 21
- catCstTypePoncContact, used in Contact Constraint, value = 22
- catCstTypeAnnulContact, used in Contact Constraint, value = 25

图 11 - 5   约束类型

代码如下:

```
void CreateConstraint()
{
// 打开一个 Proudct 文件      pProductDocument
CATDocument * pProductDocument = NULL;
HRESULT rc = CATDocumentServices::OpenDocument(iArgv[1],
pProductDocument);
//① 获取文档的 Root Product      spRootProduct
      CATIDocRoots * piDocRootsOnDoc = NULL;
pProductDocument ->QueryInterface(IID_CATIDocRoots, (void * *)
&piDocRootsOnDoc);
    CATListValCATBaseUnknown_var * pRootProducts = piDocRootsOnDoc ->
GiveDocRoots();
    CATIProduct_var spRootProduct = NULL_var;
    if( NULL ! = pRootProducts )
      {
          if( 0 ! = pRootProducts ->Size() )
           {
            spRootProduct = ( * pRootProducts)[1];
            delete pRootProducts; pRootProducts = NULL;
           }
          piDocRootsOnDoc ->Release();
          piDocRootsOnDoc = NULL;
      }
  // 找到第一个 Product 并将其设置为固定约束      spProdToConstraint
      int nbChild =    spRootProduct ->GetChildrenCount();
      CATListValCATBaseUnknown_var * pListChild = spRootProduct ->
GetChildren("CATIProduct");
      CATIProduct_var spProdToConstraint;
      if( (NULL ! = pListChild) && (0 ! = pListChild ->Size()) )
      {
          spProdToConstraint = ( ( * pListChild)[1] );
```

```
                delete pListChild; pListChild = NULL;
        }
    // ② 创建 connector pConnector
        CATIConnector          * pConnector = NULL;
        CATIProduct            * pActiveComponent = NULL;
        CATIProduct            * pInstanceComponent = NULL;
        CATILinkableObject    * pGeometry = NULL;
         int    iCreation = 0;
        spRootProduct ->QueryInterface(IID_CATIProduct,(void
* * )&pActiveComponent);
           spProdToConstraint ->QueryInterface(IID_CATIProduct,(void
* * )&pInstanceComponent);
spProdToConstraint ->QueryInterface(IID_CATILinkableObject,(void
* * )&pGeometry);
GetProductConnector(pGeometry,pInstanceComponent,pActiveComponent,
0,pConnector,iCreation);
//③ 创建约束
        CATICst * pCst = NULL;
CATLISTV (CATBaseUnknown_var) ConnectorList;
        ConnectorList.Append(pConnector);
        pConnector ->Release();
        CreateConstraint(catCstTypeReference,ConnectorList,NULL,
pActiveComponent,&pCst);
        pActiveComponent ->Release(); pActiveComponent = NULL;
}
```

代码分析：

创建约束的函数如下：

```
CreateConstraint( CatConstraintType     iConstraintType,
const CATLISTV(CATBaseUnknown_var)& iConnectorList,
CATICkeParm * iCkeValue,
CATIProduct * iReferenceProduct,
CATICst * * ioConstraint)
```

只需关注如下三个输入对象即可，其中：

① iConstraintType 是约束枚举类型；

② iConnectorList 是进行约束的对象；

③ iReferenceProduct 是约束所属文档的 reference product。

利用 CATIA 去创建约束的过程：

① 约束的创建是在一个激活的节点下工作的。

② 用户需要选择一个或多个约束的对象。

③ 打开约束命令，选择约束类型，然后才能创建约束。

其实给开发人员的接口同自身功能的输入输出是一致的，因此在二次开发中，进行约束创建步骤可归纳如下：

① 获知约束到底创建哪个位置,这里表现为一个 Product 节点。

② 将待约束的对象都创建成一个 Connector,构成一个对象集。

③ 设置约束类型并给定其他参数,并可创建约束。

需要确保给定的对象集能够满足给定约束类型的创建,否则返回错误。这个需要开发人员去保证。在本例中,由于固定约束的创建只需一个对象即可,因此只有一个 Connector;若要创建相合约束,主要区别就在于 Connector 个数的不同,其他开发均如出一辙。

11.6　干涉检查

干涉检查是装配设计中应用非常广泛的功能之一。通过干涉检查可以判断多个对象之间在静态位置和相对运动时的干涉情况,从而能够保证装配质量。虽然 CATIA 提供了干涉检查的相关功能,但有时候,需要去定制干涉结果或者借助干涉结果去实现其他功能。为了明确程序开发的输入输出,首先介绍 CATIA 自带的功能,如图 11-6 所示。该功能的实现主要需要输入三个参数:干涉类型、选择方式以及待干涉 Product 的节点。然而,站在程序的角度上还需要考虑文档根节点的获取。而这里待干涉 Product(Instance Product)节点以及文档根节点的获取,可参考 11.3 节"CATIPRoduct 的获取"内容。因而,假定选择方式为"两个选择之间",此处已经获取的文档节点为 spRootProduct,Instance CATIProduct 为 InstProduct1 和 InstProduct2,实现干涉程序如下:

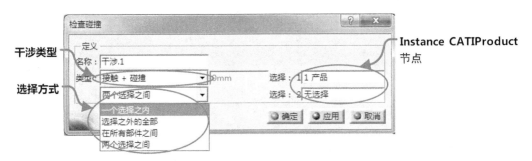

图 11-6　检查碰撞

```
void ClashCompute(CATIProduct_var spRootProduct, CATIProduct_var
InstProduct1, CATIProduct_var InstProduct2)
{
//开始获取 CATIAClashs
CATIAProduct * pCATIAPrd = NULL;
    spRootProduct ->QueryInterface( IID_CATIAProduct, (void * *)&pCATIAPrd );
    CATIAClashes * pCATIAClashes = NULL;
    CATUnicodeString    strname = "Clashes";
    CATBSTR BSTR;
    strname.ConvertToBSTR(&BSTR );
    CATBaseDispatch * pBaseDis = NULL;
    pCATIAPrd->GetTechnologicalObject( BSTR, pBaseDis);    //获取 Object 对象
```

```
    pBaseDis ->QueryInterface( IID_CATIAClashes, (void  * * )&pCATIAClashes );
//创建一个 CATIClash 并添加到 CATIAClashs 集中
    CATIAClash * pCATIAClash = NULL;
    pCATIAClashes ->Add( pCATIAClash);
    CATIClash * pClash = NULL;
    pCATIAClash ->QueryInterface( IID_CATIClash, (void  * * )&pClash );
//设置 CATIClash 的参数并计算
    CATListValCATBaseUnknown_var InstProduct1List;
InstProduct1List.Add(InstProduct1);
    CATListValCATBaseUnknown_var InstProduct2List;
InstProduct2List.Add(InstProduct2);
    pClash ->SetGroupMode(CATGroupModeBetweenTwo);//设定选择方式
    pClash ->SetGroup(1, InstProduct1List);              //设定图 11 - 6 中的"选择:1"
    pClash ->SetGroup(2, InstProduct2List);              //设定图 11 - 6 中的"选择:2"
    CATComputationCase iCase = CATComputationCaseClashContact;
    pClash ->SetComputationCase(iCase);       //设定干涉类型"接触 + 碰撞"
    pClash ->Compute();
//读取计算结果
    CATIClashResult * pResult = NULL;
    pClash ->GetResult(pResult);
    int count = 0;
    pResult ->CountConflicts(count);
//输出结果
    for  (int k = 0;k<count;k ++ )
    {
        CATIConflict * pResultConflict = NULL;
        pResult ->GetConflict(k,pResultConflict);
        CATIProduct * oFirstProduct = NULL;
        CATUnicodeString oShapeName1;
        CATIProduct * oSecondProduct = NULL;
        CATUnicodeString oShapeName2;
        pResultConflict ->GetFirstProduct( oFirstProduct, oShapeName1);
        pResultConflict ->GetSecondProduct( oSecondProduct, oShapeName2);
/ *
其中,第 K 个相互干涉(碰撞和接触)的两个 Product 节点指针:oFirstProduct 和 oSecondProduct,
开发者可以捕获干涉记录中相互干涉的对象,然后依据该结果并根据一定的标准去进行后续的开发,
可输出结果例如:
cout << "FirstProductNumber:" << oFirstProduct ->GetPartNumber() << endl;
 * /
```

```
    }
  }
```

分析　本处的编程方式可理解为"先形式，后内容"，即先创建一个干涉的空壳实例，然后设定各种参数，最终完成干涉结果的检查。读者可以有意地分段测试函数，查看效果。同时，这里用到一种以 CATIA 为前缀的接口，这种接口（如 CATIASection：断面剖切）的实现很多会涉及 GetTechnologicalObject 对象的获取，而编程均属于上述方式。

第 12 章 工程图设计

12.1 工程图简介

工程图主要由图纸、明细表、尺寸和几何特征（点、线）等元素组成。本章将对这些元素进行介绍，同时，鉴于三维标注是未来的重要趋势，12.6 节介绍三维标注模型直接投影创建工程图的说明，以期实现制图的程序化和自动化。

CATIA 工程图有两个视图：工作视图和图纸背景。其中工作视图包括在图纸中直接创建的元素，而图纸背景主要是一些不变的元素，例如轮廓线和标题栏等信息。因此，编者建议在开发中应该遵守这种规则，创建对应元素时要切换到对应的视图中。

12.2 工程图设计的 API 介绍

工程图设计常用 API 如表 12-1 所列。

表 12-1 工程图常用 API

序 号	API 接口	说 明
1	CATIDftDrawing	图纸文档的根节点特征，用于管理 Sheets。主要函数为 AddSheet：在图纸文档中添加 Sheet GetSheets：获取图纸文档中的所有 Sheet
2	CATIDftStandardManager	用以设置图纸的标准，比如设置是否 ISO 标准
3	CATIDftDrawingFormats	用以管理图纸样式。主要函数为 ::GetAvailableFormats，获取一个文档中的可用的图纸样式 :: AddCustomFormat，添加图纸样式
4	CATIDftFormat	图纸样式，如 ISO - A3 样式
5	CATIDrwFactory	视图创建接口，用以构建视图对象
6	CATISheet	图纸的 Sheet 对象，包括背景视图和工作视图
7	CATIDftViewMakeUp	所构建出来的图纸视图对象，体现视图在图纸上的位置位姿等状态。主要函数为 ::GetAngle，获取视图在图纸上的角度 :: LinkWith，用以关联两个视图，比如对齐关系
8	CATIView	所构建出来的图纸视图对象，包含几何元素和注解等元素，其位置姿态等状态由 CATIDftViewMakeUp 处理
9	CATI2DWFFactory	图纸上的元素创建接口，用以构建点、线、圆等元素
10	CATIDrwAnnotationFactory	图纸上的创建标注的接口，用以创建文本、基准、气泡球等对象

序 号	API 接口	说 明
11	CATIDrwDimDimension	图纸上的尺寸对象
12	CATIDftGenViewFactory	各类图创建接口,用以实现从三维到二维图纸的创建。主要函数为 ::CreateViewFrom3D,实现从二维到二维的工程图创建 ::CreateSectionView,创建截面图

12.3 创建图纸

本节将阐述工程图图纸的创建、格式的设置,如图 12 - 1 所示。该工程图中只有一张图纸,其中,图纸格式为 ISO 格式,图号为 A4,并且有一个视图投影。以下将分步骤阐述。

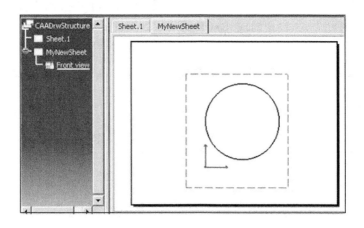

图 12 - 1 图纸元素组成

1. 创建 Drawing 文档

新建一个 Drawing 文档的代码如下:

```
HRESULT hr = E_FAIL;
CATDocument * pDoc = NULL;
hr = CATDocumentServices::New("CATDrawing", pDoc);
```

这是 CATIA 文档的通用创建方法,通过限定文档的类型(此处是"CATDrawing")来创建工程图文档,如图 12 - 2 所示。

2. 获取工程图文档的 Container

只有获得 Drawing 的根特征对象之后,才能获取图纸格式的操作句柄,从而实现对格式的设置。获取工程图文档的代码如下:

```
CATIDftDrawing * piDftDrawing = NULL;
CATIDftDocumentServices * piDftDocServices = NULL;
CATIContainer_var spDrwCont;
if (SUCCEEDED(pDoc ->QueryInterface(IID_CATIDftDocumentServices, (void
```

```
* * )&piDftDocServices)))
{
    if (SUCCEEDED(piDftDocServices->GetDrawing(IID_CATIDftDrawing,(void
* * )&piDftDrawing)))
    {
    if (piDftDrawing){
        CATISpecObject * piSpecObj = NULL;
        if (SUCCEEDED(piDftDrawing->QueryInterface(IID_CATISpecObject,
(void * * )&piSpecObj)))
        {
            spDrwCont = piSpecObj->GetFeatContainer();//获取 Container 对象
            piSpecObj->Release();
            piSpecObj = NULL;
        }
    }
    }
    piDftDocServices->Release();
    piDftDocServices = NULL;
}
```

图 12 - 2　工程图创建

3. 设置图纸的标准

　　下述代码首先检测配置文件中是否有合适可用的标准格式,然后通过限定标准的名称来匹配配置中格式。如果在可用配置中找不到对应的标准,将会创建失败;而如果事先已知所用格式已经存在,可直接进行设定。当然,标准可以自己定义,编者可以按照企业的规范参考系统已有的标准,放置在 resources/standard/drafting 目录下即可。如图 12 - 3 所示,从标准列表中选择一种标准便可实现对图纸的应用。

　　设置图纸标准的代码如下:

```
CATIDftStandardManager * piStdmgr = NULL;
```

图 12 - 3　图纸标准

```
if (SUCCEEDED(spDrwCont ->QueryInterface(IID_CATIDftStandardManager,
(void * * )&piStdmgr)))
{
    //获取有效可用的标准格式
    CATIStringList * piListstd = NULL;
    if ( SUCCEEDED(piStdmgr ->GetAvailableStandards(&piListstd)) &&
piListstd ){
        unsigned int nbrstd = 0;
        piListstd ->Count(&nbrstd);
        for (unsigned int indice = 0; indice < nbrstd; indice ++ ) {
            wchar_t * wstd = NULL;
            if ( SUCCEEDED ( piListstd ->Item ( indice, &wstd ) ) && wstd ){
                const CATUnicodeString ANSI_UncS = "ISO";//设置格式
                CATUnicodeString stdname;
                stdname.BuildFromWChar(wstd);
                if ( stdname == ANSI_UncS ) {
                    piStdmgr ->ImportStandard (wstd);
                    break;
                }
                delete[] wstd;
wstd = NULL;
            }
        }
        piListstd ->Release();
piListstd = NULL;
    }
    piStdmgr ->Release ();
piStdmgr = NULL;
}
```

4. 图纸样式的设定

完成了标准的设置,则需要设置图纸样式。一个标准中会存在多种样式,spListFormat
是一个样式数组。如图 12 – 4 所示,表示选中了 A4 ISO 的图纸样式。

图 12 – 4　图纸样式设定

图纸样式设定的代码如下:

```
CATIDftDrawingFormats * piDftFormats = NULL;
CATUnicodeString myFormatName;
if ( SUCCEEDED ( piDftDrawing – > QueryInterface ( IID _ CATIDftDrawingFormats, ( void * * )
&piDftFormats)))
{
    CATLISTV(CATISpecObject_var) spListFormat;
    if (SUCCEEDED(piDftFormats –>GetAvailableFormats (spListFormat)))
    {
      int nbformats = spListFormat.Size();
      if (nbformats > = 1)
      {
        CATIDftFormat_var spFormat = spListFormat[4];//图号数组,4 表示 A4
        spFormat –>GetFormatName(myFormatName) ;
      }
    }
}
// 应用图纸样式
CATIUnknownList * piListOfSheet = NULL;
CATIDftSheetFormat * piDftSheetFormat = NULL;
if (SUCCEEDED(piDftDrawing –>GetSheets (&piListOfSheet)))
{
  IUnknown * item = NULL;
  unsigned int nbSheet = 0;
```

```
piListOfSheet ->Count(&nbSheet);
for(unsigned int i = 0 ; i<nbSheet ; i++)
{
    if( SUCCEEDED( piListOfSheet ->Item(i, &item) ) ){
      if (item){
             item ->QueryInterface (IID_CATIDftSheetFormat,(void
* *)&piDftSheetFormat) ;
               piDftSheetFormat ->SetSheetFormat (myFormatName) ;
      }
    }
  }
}
```

5. 投影视图的创建

投影视图的创建必须明确视图的方向和位置。在本书中,设置方向为前视图,位置为 (100,50)点,视图内在表现为一个向量,因此只要根据投影的需要,给定或者求解视图向量,即可实现应的投影视图。

```
CATIDrwFactory_var spDrwFact = spDrwCont;
// 构造一个视图
CATIDftViewMakeUp * piNewViewMU = NULL;
if (NULL_var != spDrwFact && SUCCEEDED(spDrwFact ->CreateViewWithMakeUp
(IID_CATIDftViewMakeUp, (void * *)&piNewViewMU)))
{
    if (piNewViewMU)
    {
        CATIView * piNewView = NULL;
        if (SUCCEEDED(piNewViewMU ->GetView (&piNewView)))
        {
            if (piNewView){
////CATDrwViewType::FrontView、Background_View…
                  piNewView ->SetViewType (FrontView);
                  piNewViewMU ->SetAxisData (100.0,50.0);
if (piDftNewSheet)
piDftNewSheet ->AddView(piNewViewMU);
...
```

12.4 创建明细表

1. 切换到背景视图

如前所述,明细表建议在背景视图中完成创建,背景视图中的元素在工作视图中是无法被选中进行编辑的,而这也可避免将来在工作视图中,进行公差、尺寸标注时,造成误删的困扰。因而,首先需要将视图切换到背景视图中(见图 12-5),实现视图切换。

```
CATISheet_var spSheet = piDrawing->GetCurrentSheet();//获取当前的 Sheet
CATIView_var spBgView = spSheet->GetBackgroundView();//背景视图
```

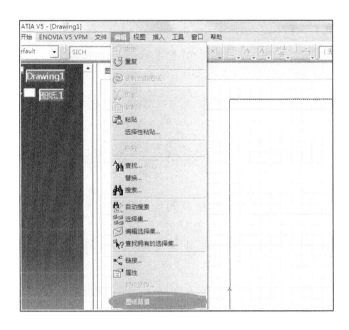

图 12 - 5　背景视图

2. 创建标题栏元素

标题栏是由点、线等构成的,但是构成的数量大多,需要花费大量的计算和代码才能完成一个标题栏的创建。而且,将标题栏固化在程序中,未来并不能支持拓展。本节阐述直接创建的原理。

```
// 创建视图需要基于如下条件
// - 设置一视图为当前条件,此处设置为背景视图
// - 从背景视图中获取 2D 几何创建的类厂接口
spSheet->SetCurrentView(spBgView);
CATI2DWFFactory_var spGeomFactory = spBgView;
double startPoint[2], endPoint[2];
…
/ *
定义好坐标,然后,通过 CreateLine 命令,创建横竖的标题栏线 * /
spGeomFactory->CreateLine(startPoint, endPoint);
…
/ *
定义好坐标,然后,通过 CreateCircle 命令,圆 * /
double center[2] = {p1,p2};//定义好 p1 和 p2 的坐标值
double radius = Ra;//定义直径
CATISpecObject_var Cercle1 = spGeomFactory->CreateCircle(center,radius);
```

3. 创建元素

创建 2D 几何元素:该部分的创建原理同标题栏元素是一致的,不同之处是几何元素创建所在的视图不一样。

```
CATISheet_var spSheet = piDrawing->GetCurrentSheet();

CATIView_var spMainView = spSheet->GetMainView();

spSheet->SetCurrentView(spMainView);
```

说明　在视图上创建元素(点、线、圆等),均是通过类厂 CATI2DWFFactory 来创建,对于标注(尺寸、文本注解等)是通过类厂 CATIDrwAnnotationFactory 创建的。

12.5　创建尺寸

CATIDrwAnnotationFactory 指针的获取同样是通过 view 获取的。本例阐述两条平行线之间的距离尺寸的创建。对于这类尺寸创建原理可以参考 11.4 节的约束创建,步骤归纳设置待测对象集合 piSelectionsList,然后明确测量类型。如果对象集支持创建,则返回成功,否则无法创建。创建尺寸代码如下:

```
CATIDrwAnnotationFactory_var spAnnFactory = spMainView;
//构建对象集合
CATIUnknownList * piSelectionsList = NULL;
CATIUnknownListImpl * piListsel = new CATIUnknownListImpl();
piListsel->QueryInterface(IID_CATIUnknownList,(void * * )
&piSelectionsList);
IUnknown * piLine1 = NULL;
IUnknown * piLine2 = NULL;
spLine1->QueryInterface(IID_IUnknown,(void * * )&piLine1);
spLine2->QueryInterface(IID_IUnknown,(void * * )&piLine2);
piSelectionsList->Add(0, piLine1);
piSelectionsList->Add(1, piLine2);
//设置尺寸类型及其位置等参数
CATIDrwDimDimension * piDimHoriz = NULL;
CATDrwDimType dimType = DrwDimDistance;
CATDimDefinition dimDef;
double pt1[2] = {10.0, 15.0};
double * pts[2];
pts[0] = pt1;
pts[1] = pt1 + 1;
dimDef.Orientation = DrwDimAuto;
//创建尺寸
hr = spAnnFactory->CreateDimension(piSelectionsList,pts,dimType,&dimDef,
&piDimHoriz);
```

12.6　从三维中投影视图

　　如在三维中完成投影视图、尺寸、标注等定义,可通过 CATIDftGenViewFactory::Create-eViewFrom3D 完成从三维到二维图纸信息的继承。尽管现阶段无法满足全三维化设计,但可以融合,将容易标注的对象在三维中实现,通过该方式实现二维图的快速创建。从三维中投影视图的代码如下:

```
//基于标注集创建视图
CATIDftView * piDftViewFrom3D = NULL;
CATIDftSheet * piDftSheet = NULL;
piDftDrawing ->GetActiveSheet(&piDftSheet);
double ptOrigin[2] = {150.0,150.0};//设置视图点坐标
IUnknown * pTPSViewUk = NULL;
if (SUCCEEDED(ipiTPSActiveView ->QueryInterface(IID_IUnknown,(void
* * )&pTPSViewUk)))
{
        CATIDftGenViewFactory * piDftGenViewFact = NULL;
        if (piDftSheet && UCCEEDED(piDftSheet ->QueryInterface(
IID_CATIDftGenViewFactory,(void * * )&piDftGenViewFact)))
        {
                piDftGenViewFact ->CreateViewFrom3D(ptOrigin, pTPSViewUk,
&piDftViewFrom3D);
        ....
```

第13章　开发实例

本章节将利用实例的方式,力求将前面几个章节串联起来,从而加强读者对 CAA 二次开发的认识,提高起查找新接口和解决新问题的能力。

13.1　实例说明

对工程图实例的说明如下:

① 载入模型:零件 Part1 装配到 Product 下。

② 读取并驱动参数:Txt 文本。

③ 创建新零件并导入到装配环境:创建圆柱体 Part2,装配到 Product 下。

④ 拾取特征进行装配:交互拾取 Part1 和 Part2 轴系,实现相合约束。

⑤ 装配体投影生成工程图:对 Product 设置投影,形成工程图。

⑥ 对工程图进行标注:交互标注直线尺寸。

通过上述示例的展示,可大体上说明零件的创建、参数化驱动设计、特征的提取、装配、交互设计以及工程图的投影和标注,内容涵盖常见的 CAA 开发技术。读者可举一反三,进行功能拓展,培养查找和应用新接口的能力。

在上述功能的基础上,搭建界面如图 13 - 1 所示,下面将进行详细阐述。

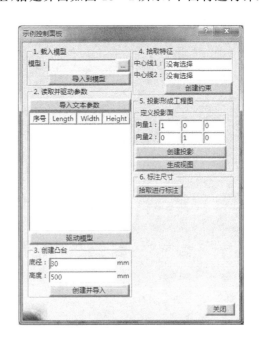

图 13 - 1　示例界面

13.2 载入模型 Part1

1. 新建模板

步骤 1 拉伸凸台 新建截面：边为 100×100 矩形，内部为直径 60 的圆的草图，拉伸长度为 100，如图 13-2 所示。

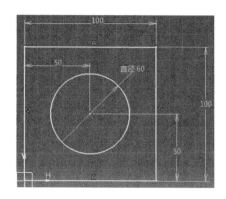 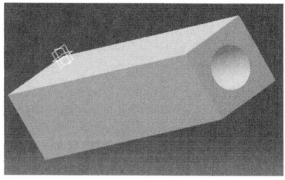

图 13-2 凸台草图

步骤 2 设置参数和关系式 将凸台矩形的长和宽以及拉伸的长度设置为驱动的参数，标记为 Length、Width、Height，并建立关系式（见图 13-3），具体操作见 CATIA 知识工程模板。

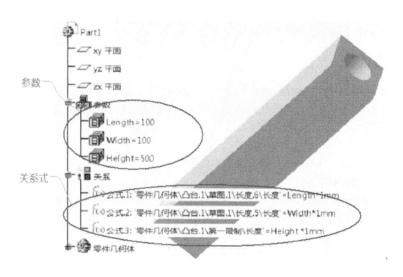

图 13-3 参数和关系式定义

步骤 3 保存文件，目标路径设定为"C:\\Part1. CATPart"。

2. 导入文件

通过程序从磁盘中导入文件到 Product 视图中（或手动直接插入现有部件到装配环境中）。为确保当前工作台为 Product，代码如下：

```
//同节 11.3 CATIProduct 的获取装配文档的根节点 spRoot
/ * *
 * 此处利用"新建"命令,重新创建一份副本,避免模板被其他调用而更改
CATIProduct_var inst1Product;    Part1 装配后的实例指针 * /
HRESULT rc = E_FAIL;
CATLISTP(CATDocument) pPartDoc;
CATLISTV(CATUnicodeString)  iListOfStorageName ;
iListOfStorageName. Append(_EditModelName ->GetText());
rc = CATDocumentServices:: NewFrom ( &iListOfStorageName, &pPartDoc);
CATIDocRoots * piDocRootsOnNewDoc = NULL;
rc = pPartDoc[1] ->QueryInterface(IID_CATIDocRoots, (void * *)
&piDocRootsOnNewDoc);
if ( SUCCEEDED( rc ) )
{
CATListValCATBaseUnknown_var * pRootProducts =
piDocRootsOnNewDoc ->GiveDocRoots();
if (NULL ! = pRootProducts)
{
            if (pRootProducts ->Size() > 0){
        CATIProduct_var spRootProduct = ( * pRootProducts)[1];
        if (NULL_var ! = spRootProduct){
            inst1Product = spRoot ->AddProduct(spRootProduct);
            }
    }
    delete pRootProducts;
    pRootProducts = NULL;
        }
        piDocRootsOnNewDoc ->Release();
        piDocRootsOnNewDoc = NULL;
}
//------------------------------------
//给产品根节点发送消息,通知其更新三维可视化模型和产品结构特征树
CATIModelEvents_var spEvents = spRoot;
CATModify ModifyEvent(spRoot);
spEvents ->Dispatch (ModifyEvent);

//更新视图,以显示效果
CATIRedrawEvent_var spRedraw = spRoot;
spRedraw ->Redraw();
```

13.3 读取 TXT 文档参数驱动模型

如果 Part1 是直接利用 CATIA 自带工具来导入的,则本例中需要根据 Part1 的零件号

（PartNumber）去遍历匹配获取 Part1 实例根节点（上节的 inst1Product），具体操作可参考 11.3 节 CATIProduct 的获取已有装配节点。在获取模板文件的实例根节点后，通过读取 TXT 文件获取参数，匹配参数的名称获取指针，进而驱动模型发生变化。文本首行做注释，读取时会直接忽略，参数以空格相隔，如图 13 - 4 所示。

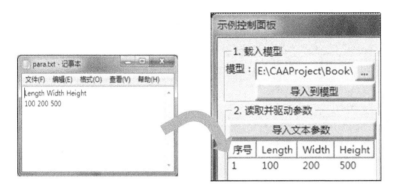

图 13 - 4　文本参数

1. 读取参数到 MultiList 列表中

代码如下：

```
char line[100];
FILE * fp = fopen(FilePath, "r");
char seps[]    = " ,\t";\\支持空格，逗号、Tab 字符分割，可拓展其他字符，原理一致
char * token;
int first = 0;//第一行不读取
while(! feof(fp))
{
//读取一行到 line 中，接下去对一行进行分割
if(fgets(line, 149, fp) == NULL)break;
//第一行序号标注为 0
if(0 == first){first = 1;_MultiList ->SetColumnItem(0,"1");continue;}
token = strtok( line, seps );
int i = 0;
while( token != NULL ){
        _MultiList ->SetColumnItem( ++ i,token);
        token = strtok( NULL, seps );
}
}
fclose(fp);
```

2. 应用参数驱动模型

代码如下：

```
// 驱动模型 Function
/* 1. 对零件进行遍历
```

2. 找到对应对象

3. 应用参数 * /

```
CATUnicodeString listString[3];
_MultiList ->GetColumnItem(1,listString[0],0);
_MultiList ->GetColumnItem(2,listString[1],0);
_MultiList ->GetColumnItem(3,listString[2],0);

CATIParmPublisher_var spParmPub(spRoot);
CATListValCATISpecObject_var spListPara;//列表
CATISpecObject_var specObj = NULL_var ;
CATICkeParm * pICkeParm = NULL;
// 参数为 CATICkeParm 接口类
spParmPub ->GetAllChildren("CATICkeParm",spListPara);
int lSize = spListPara.Size();
for (int k = 1;k< = lSize;k ++ )
{
        specObj = spListPara[k];
        specObj ->QueryInterface(IID_CATICkeParm,(void * * ) &pICkeParm);
        CATUnicodeString ParameterName = pICkeParm ->RelativeName() ;
        if (ParameterName == "Length")//识别到"Length"标识,下同
        pICkeParm ->Valuate(listString[0]);
        if (ParameterName == "Width")
        pICkeParm ->Valuate(listString[1]);
        if (ParameterName == "Height")
        pICkeParm ->Valuate(listString[2]);
}
CATISpecObject_var spSpec = spRoot;
spSpec ->Update();//更新视图
```

13.4　创建圆形凸台 Part2

　　新建一个零件 Part2,然后同 Part1 装配到同一个父节点下。该步骤涉及草图的创建、参数化驱动、实体对象的创建。当然,对于复杂的实体模型,从零开始用程序创建草图是没有必要的,一般都是基于模板实现零件或者装配的快速创建。创建圆形凸台 Part2 代码如下:

```
//新建文档
CATDocument * pDoc = NULL;
CATDocumentServices::New("Part",pDoc);

//获取 Container
CATIContainerOfDocument_var spConODocs = pDoc;
CATIContainer * pSpecContainer = NULL;
HRESULT hr = spConODocs ->GetSpecContainer(pSpecContainer);
CATISketchFactory_var spSketchFactory(pSpecContainer);
```

```
//首先获取一个 CATIPrtPart 变量
CATInit_var spInit(pDoc);
CATIPrtContainer * spPrtCont = NULL;
spPrtCont = (CATIPrtContainer * ) spInit->GetRootContainer
("CATIPrtContainer");
CATIPrtPart_var spPart = spPrtCont->GetPart();

//确定草图输入参数,获取当前文档的 XY 面
CATLISTV(CATISpecObject_var) spListRefPlanes =
spPart->GetReferencePlanes();
//三个参考平面,第一为 XY
CATISpecObject_var spSketchPlane = spListRefPlanes[1];

//创建草图
CATISketch_var spSketch(spSketchFactory->CreateSketch
(spListRefPlanes[1]));
spSketch->OpenEdition();//要进入草图,最后退出草图
CATI2DWFFactory_var sketch2DFactory(spSketch);
double pt2D[2] = { 100, 0};//定义二维点,此处可以灵活运用变量
double dRadius = UserDefineFunction::StringToDouble
(_EditorBottomR->GetText());
sketch2DFactory->CreateCircle(pt2D,dRadius);//重心点和直径
spSketch->CloseEdition();

CATIPrtFactory_var spPrtFactory(pSpecContainer);
CATMathDirection pdir(0,0,1);
// UserDefineFunction::StringToDouble 自定义字符串转 Double 函数
CATISpecObject_var spPad = spPrtFactory->CreatePad(spSketch,
UserDefineFunction::StringToDouble(_EditorHeight->GetText()),0,pdir);
spPad->Update();

//上述步骤,凸台零件已经创建,下面将获取该零件的根节点,导入到 Product 环境中
CATIDocRoots * piDocRootsOnDoc = NULL;
pDoc->QueryInterface(IID_CATIDocRoots,(void * ) &piDocRootsOnDoc);
CATListValCATBaseUnknown_var * pProductList = piDocRootsOnDoc->
GiveDocRoots();
CATBaseUnknown * pRootProduct = NULL;
CATIProduct_var spPart2Root = NULL_var;
if (pProductList->Size())
{
        pRootProduct = ( * pProductList)[1];
        spPart2Root = pRootProduct;
delete pProductList;pProductList = NULL;
```

```
}
inst2Product = spRoot ->AddProduct(spPart2Root);//凸台零件 2 在装配中的实例指针

//给产品根节点发送消息,通知其更新三维可视化模型和产品结构特征树
CATIModelEvents_var spEvents = spRoot;
CATModify ModifyEvent(spRoot);
spEvents ->Dispatch (ModifyEvent);

//更新视图
CATIRedrawEvent_var spRedraw = spRoot;
spRedraw ->Redraw();
```

13.5 交互拾取 Part1 和 Part2 中心线

1. 创建交互

本例中,至少有两个代理对象(Part1 和 part2 的中心线)。为了控制和仿照 CATIA 中的选择对象切换效果,加上两个 List 的代理(尺寸的代理及其辅助代理(PusButton 代理),因此,在此实例中会牵扯到 6 个代理。代码如下:

```
/ * 代理实际对象 * /
CATFeatureImportAgent * _pPart1Agent;
CATFeatureImportAgent * _pPart2Agent;
CATFeatureImportAgent * _pTagAgent;
/ * 代理 tmp * /
CATDialogAgent * _pSelListOfPart1Agent;
CATDialogAgent * _pSelListOfPart2Agent;
CATDialogAgent * _pPBTagAgent;
```

设置代理应该选择的对象和行为:

```
_pSelListOfPart1Agent = new CATDialogAgent("SelList1");
_pSelListOfPart2Agent = new CATDialogAgent("SelList2");
_pPBTagAgent = new CATDialogAgent("PBTag");
//代理选择
_pPart1Agent ->SetOrderedElementType("CATLine");
_pPart1Agent ->SetBehavior(CATDlgEngWithPrevaluation|CATDlgEngWithUndo|
CATDlgEngWithPSOHSO );
_pPart2Agent ->SetOrderedElementType("CATLine");
_pPart2Agent ->SetBehavior(CATDlgEngWithPrevaluation|CATDlgEngWithUndo|
CATDlgEngWithPSOHSO );
_pTagAgent ->SetOrderedElementType("IDMLine2D");
_pTagAgent ->SetBehavior(CATDlgEngWithPrevaluation|CATDlgEngWithUndo|
CATDlgEngWithPSOHS);
//两个列表
```

```
_pSelListOfPart1Agent ->AcceptOnNotify(_pControlPanel ->GetSelListOfPart1()
, _pControlPanel ->GetSelListOfPart1() ->GetListSelectNotification());
_pSelListOfPart2Agent ->AcceptOnNotify(_pControlPanel ->GetSelListOfPart2()
, _pControlPanel ->GetSelListOfPart2() ->GetListSelectNotification());
_pPBTagAgent ->AcceptOnNotify(_pControlPanel ->GetPBCreateTag(),
_pControlPanel ->GetPBCreateTag()  ->GetPushBActivateNotification());
```

前文讲解到,交互机制就是状态机制,状态的切换会做出一定的响应,代理在其中就是扮演输入。对于设置状态,有几种实际代理就设置为几种状态,一个状态下能够选择的代理,均可添加到状态中。代码如下:

```
//状态 1
CATDialogState * WaitForPart1 = GetInitialState("选择 Part1 轴线");
WaitForPart1 ->AddDialogAgent(_pPart1Agent);
WaitForPart1 ->AddDialogAgent(_pSelListOfPart1Agent);//1
WaitForPart1 ->AddDialogAgent(_pSelListOfPart2Agent);//2
WaitForPart1 ->AddDialogAgent(_pPBTagAgent);//3


//状态 2
CATDialogState * WaitForPart2 = AddDialogState("选择 Part2 轴线");
WaitForPart2 ->AddDialogAgent(_pPart2Agent);
WaitForPart2 ->AddDialogAgent(_pSelListOfPart1Agent);//1
WaitForPart2 ->AddDialogAgent(_pSelListOfPart2Agent);//2
WaitForPart2 ->AddDialogAgent(_pPBTagAgent);//3


//状态 3
CATDialogState * WaitForTag = AddDialogState("选择 2D 的线对象");
WaitForTag ->AddDialogAgent(_pTagAgent);
WaitForTag ->AddDialogAgent(_pSelListOfPart1Agent);//1
WaitForTag ->AddDialogAgent(_pSelListOfPart2Agent);//2
```

对于状态转换,从状态 1 出发阐述,其他一致,即状态 1→状态 2;状态 1→状态 3;状态 1→状态 1。其代码如下:

```
//代理转换产生的响应
//状态 1→状态 1(相同状态直接转换)
// Part1 被选择,执行 AxisOfPart1Selected 方法
AddTransition( WaitForPart1, WaitForPart1,
        IsOutputSetCondition (_pPart1Agent),
        Action ((ActionMethod) &ControlPanelCmd::AxisOfPart1Selected));
AddTransition( WaitForPart1, WaitForPart1,
        IsOutputSetCondition (_pSelListOfPart1Agent),//List1 被选择
        Action ((ActionMethod) &ControlPanelCmd::SelList1Selected));


//状态 1→状态 2
```

```
AddTransition( WaitForPart1, WaitForPart2,
         IsOutputSetCondition ( _pSelListOfPart2Agent),
         Action ((ActionMethod) &ControlPanelCmd::SelList2Selected));

//状态 1→状态 3
AddTransition( WaitForPart1, WaitForTag,
         IsOutputSetCondition ( _pPBTagAgent),
         Action ((ActionMethod) &ControlPanelCmd::PBTagSelected));
```

2. 拾取中心线

中心线不会在特征树上挂载，需要将其特征化，才能被使用。本例中如获取 pLinkLine1 也可以获取 pLinkLine2 对象。代码如下：

```
_pControlPanel →GetSelListOfPart1() →ClearLine();//清除以前的选择对象
_pControlPanel →GetSelListOfPart1() →SetLine("已选");
int Num = 0;
_pControlPanel →GetSelListOfPart1() →SetSelect(&Num,1);//设置选中状态
CATLine_var lineOfPart1 = NULL_var;
lineOfPart1 = _pPart1Agent →GetElementValue();//从代理中获取对象
CATIFeaturize_var spToFeaturize = NULL_var;
HRESULT cc = lineOfPart1 →QueryInterface(IID_CATIFeaturize,(void * * )
&spToFeaturize);
pLinkLine1 = spToFeaturize →FeaturizeF ();//pLinkLine1 在装配中用
//代理读取后，要初始化，不然就默认——直在选择循环中
_pPart1Agent →InitializeAcquisition();
```

13.6   将 Part1 和 Part2 进行装配

上文已经读取轴线对象 pLinkLine1 和 pLinkLine2 对象，并且已知实例对象 inst1Product 和 inst2Product 以及装配根节点 spRoot，至此就可以创建 Connector，然后均添加到一个对象集中，并设置约束类型（或称相合），并可实现约束创建，实现装配的目的。Part1 和 Part2 装配代码如下：

```
CATIConnector * pConnector1 = NULL;
CATIConnector * pConnector2 = NULL;
Int iCreation = 0;
HRESULT rc = E_FAIL;
::GetProductConnector(pLinkLine1,_pControlPanel →inst1Product,
_pControlPanel →spRoot,0,pConnector1,iCreation);
::GetProductConnector(pLinkLine2,_pControlPanel →inst2Product,
_pControlPanel →spRoot,0,pConnector2,iCreation);
CATLISTV (CATBaseUnknown_var) ConnectorList;
ConnectorList.Append(pConnector1);
ConnectorList.Append(pConnector2);
```

```
CATICst * pCst = NULL;
pConnector1 ->Release();
pConnector2 ->Release();
rc = CreateConstraint(catCstTypeOn,ConnectorList,NULL,_pControlPanel ->spRoot
,&pCst);
if (SUCCEEDED(rc))
        cout << "约束创建成功" << endl;
CATISpecObject_var spSpecpCst = _pControlPanel ->spRoot;
if (spSpecpCst ! = NULL_var)
        spSpecpCst ->Update();
```

13.7　投影形成工程图

1. 创建投影方向

　　方向是一个向量,需要设置投影的向量值。本书是借助视图的方式创建,一个视图为一个面,因此需要明确两个方向的向量,从而确定视图面。图 13 - 5 所示为投影面界参数设置。

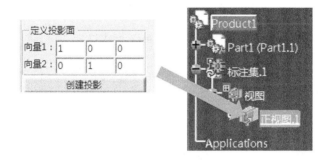

图 13 - 5　投影面参数设置

　　创建投影方向代码如下:

```
CATITPSComponent * piTPSCmp = NULL;
CATTPSInstantiateComponent(DfTPS_ItfTPSServicesContainer, (void * *)&
piTPSCmp);
CATITPSServicesContainers * TPSServicesContainer = NULL;
if (SUCCEEDED(piTPSCmp ->QueryInterface(IID_CATITPSServicesContainers,
(void * *)&TPSServicesContainer)))
{
    CATITPSSet * piTPSSet = NULL;
    If(SUCCEEDED(TPSServicesContainer ->
    RetrieveOrCreateCurrentTPSSet(spRoot,CreateIfMissing,&piTPSSet)))
  {
      CATITPSViewFactory * piTPSViewFactory = NULL;
      piTPSSet ->QueryInterface(IID_CATITPSViewFactory,
(void * *)&piTPSViewFactory);
```

```
        CATMathVector tPSFirstVector(
        UserDefineFunction::StringToInt(_EditorVec1X->GetText()),
        UserDefineFunction::StringToInt(_EditorVec1Y->GetText()),
        UserDefineFunction::StringToInt(_EditorVec1Z->GetText()));
        tPSFirstVector.Normalize();
        CATMathVector tPSSecondVector(
        UserDefineFunction::StringToInt(_EditorVec2X->GetText()),
        UserDefineFunction::StringToInt(_EditorVec2Y->GetText()),
        UserDefineFunction::StringToInt(_EditorVec2Z->GetText()));
        tPSSecondVector.Normalize();
        CATMathPlane ioPlane(CATMathPoint(),tPSFirstVector,tPSSecondVector);
        HRESULT rc = piTPSViewFactory->CreateView(&tPSView,
&ioPlane,DftFrontView);
        if (SUCCEEDED(rc)) cout << "创建成功" << endl;
    }
}
```

2. 进行视图投影

创建一个 Drawing,并将视图投影到该对象中,并随之保存到磁盘中。其代码如下:

```
HRESULT rc = CATDocumentServices::New("CATDrawing", pDoc);
CATIDftDocumentServices * piDftDocServices = NULL;
if (SUCCEEDED(pDoc->QueryInterface(IID_CATIDftDocumentServices, (void
* *)&piDftDocServices)))
{
        piDftDocServices->GetDrawing(IID_CATIDrawing, (void * *)&piDrawing);
if (SUCCEEDED(piDftDocServices->GetDrawing(IID_CATIDftDrawing, (void
* *)&piDftDrawing)))
        {
    if (piDftDrawing)
    {
    CATISpecObject * piSpecObj = NULL;
        if (SUCCEEDED(piDftDrawing->QueryInterface(IID_CATISpecObject
,(void * *)&piSpecObj)))
        {
        spDrwCont = piSpecObj->GetFeatContainer();
        piSpecObj->Release();
        piSpecObj = NULL;
        }
    }
}
        piDftDocServices->Release();
        piDftDocServices = NULL;
}
pSheet = piDrawing->GetCurrentSheet();
```

```
pSheet ->QueryInterface(IID_CATIDftSheet,(void * *)&pDftSheet);
CATIDftGenViewFactory * piDftGenViewFact = NULL;
if (SUCCEEDED(pDftSheet ->QueryInterface(IID_CATIDftGenViewFactory,
(void * *)&piDftGenViewFact)))
{
        double ptOrigin[2] = {0,0};
CATIDftView * piDftViewFrom3D = NULL;
        piDftGenViewFact ->CreateViewFrom3D(ptOrigin, tPSView,
&piDftViewFrom3D);
        piDftViewFrom3D ->Activate();
}
if (SUCCEEDED(CATDocumentServices::SaveAs( * pDoc,
"C:\\DemoDrw.CATDrawing")))
        UserDefineFunction::MessageShow("投影成功,请在 C 盘下查看 DemoDrw 文件");
```

13.8　标注尺寸

本例设定从磁盘中打开 Drawing 文件对线进行尺寸标注。通过交互拾取图形的 2D 线,程序将会创建尺寸。对于不同对象的标注,区别在与尺寸类型(CATDrwDimType)不一致。CATDrwDimType 是枚举类型,能够创建的尺寸如下:

```
enum CATDrwDimType {
    DrwDimDistance,//距离,如点到点距离
    DrwDimDistanceOffset,//偏移值
    DrwDimLength,//直线的尺寸
    DrwDimAngle,//角度值
    …,
    …
}
```

本例进行交互选择并创建 2D 线的代码如下,读者可以参数创建类型的尺寸。代码如下:

```
IDMLine2D_var piFirstElem = _pTagAgent ->GetElementValue();
_pTagAgent ->InitializeAcquisition();//初始化代理

//标注尺寸
IUnknown * piLine1 = NULL;
piFirstElem ->QueryInterface(IID_IUnknown, (void * *)&piLine1);
CATIUnknownList * piSelectionsList = NULL;
CATIUnknownListImpl * piListsel = new CATIUnknownListImpl();
piSelectionsList = piListsel;
if (piSelectionsList) piSelectionsList ->Add(0, piLine1);
double pRootPoint[2],pDirection[2];
piFirstElem ->GetLineData(pRootPoint,pDirection);
```

```
double pt1[2] = {0, 0};
double   * pts[2];
pts[0] = pRootPoint;
pts[1] = pRootPoint + 1;
CATDimDefinition dimDef;
dimDef.Orientation = DrwDimAuto;

//获取当前的文档对象
CATFrmLayout * pLayout = CATFrmLayout::GetCurrentLayout();
CATFrmWindow * pWindow = pLayout->GetCurrentWindow();
CATFrmEditor * pEditor = pWindow->GetEditor();
CATDocument   * pDoc = pEditor->GetDocument();

CATIDftDocumentServices * piDftDocServices = NULL;
pDoc->QueryInterface(IID_CATIDftDocumentServices, (void
* *)&piDftDocServices);
CATIDrawing * piDrawing = NULL;
CATISheet * pSheet = NULL;
piDftDocServices->GetDrawing(IID_CATIDrawing, (void * *)&piDrawing);
pSheet = piDrawing->GetCurrentSheet();
CATIView_var spMainView = pSheet->GetCurrentView();
CATIDrwAnnotationFactory_var spAnnFactory = spMainView;
CATDrwDimType dimType = DrwDimLength;
CATIDrwDimDimension * piDimHoriz = NULL;
HRESULT rc = spAnnFactory->CreateDimension(piSelectionsList,pts,dimType,
&dimDef,&piDimHoriz);
if (SUCCEEDED(rc))
UserDefineFunction::MessageShow("创建尺寸成功");
```

第 14 章　实用功能

本章提供一些实用的功能,帮助读者丰富开发方案。这些相对独立的开发功能可以构建在一个全局的 Module 中,供其他 Module 调用。事实上,读者可以在逐渐开发实践过程中,搭建和拓展自己的开发框架。

14.1　展示 stl 的三维模型

1. 创建视图

视图构建的接口主要是 CATNavigation3DViewer 接口。通过该接口的参数,可以实现视图大小、样式、背景颜色和视图控件归属的设置。

```
void CAAVisBasicWindow::CreateViewer()
{
    _p3DViewer = new CATNavigation3DViewer(this,"3DViewerId",
CATDlgFraNoTitle, 800, 450);
    _p3DViewer ->SetBackgroundColor(0.2f,0.2f,0.6f);
    Attach4Sides(_p3DViewer);
}
```

说明　视图构建的接口说明:

public CATNavigation3DViewer (CATDialog * iFather, const CATString&iName,
　　　　　　　　　　　　　　　CATDlgStyle　iStyle　　　＝　NULL, const　int
　　　　　　　　　　　　　　　iWidth　　＝ 800,
　　　　　　　　　　　　　　　const int　　iHeight　　＝ 500,
　　　　　　　　　　　　　　　const CATViewerStyle iViewerStyle　　＝NULL)

参数说明如下:

iFather:视图所插入的对话框对象,可以是 Frame,也可以是 label 控件;

iName:视图的名称;

iStyle:视图的样式,包括是否有标题、菜单等样式;

iWidth:视图的宽度;

iHeight:视图的长度;

iViewerStyle:标记物呈现的样式。

2. 创建内容

内容表现为 Representation,通过打包形成一个 Bag,将 Bag 添加到视图,便可实现视图内容的呈现。因而,首先创建一个空的 Representation Bag,代码如下:

```
void CAAVisBasicWindow::CreateModelRepresentation()
```

```
{
    _pTheModelToDisplay = new CAT3DBagRep();
...
```

将待显示的对象转化形成多个 Representation,可读取 CATPart、CATProduct、Cgr 格式
(::CATReadCgr 方法)进行构建,或自己进行创建。本节中选择后者来创建,形成一个立方
体。其代码如下:

```
CATMathPointf  Corner (-20.f, -20.f,0.f);         //立方体的角点
CATMathVectorf FirstVector (20.f, 0.f,0.f);       //向量 1
CATMathVectorf SecondVector(0.f, 20.f,0.f);       //向量 2
CATMathVectorf ThirdVector (0.f, 0.f, 20.f);      //向量 3
CAT3DCuboidRep * pCuboid = new CAT3DCuboidRep (Corner,FirstVector,
                                        SecondVector, ThirdVector);
...
```

也可以对该 Representation 进行颜色的设置

```
pCuboid ->SetColor(YELLOW);
```

将 Presentation 添加到 Bag 中

```
_pTheModelToDisplay ->AddChild( * pCuboid);
```

3. 显示对象
显示对象的代码如下:

```
void CAAVisBasicWindow::VisualizeModel()
{
    if ( (NULL != _p3DViewer) && ( NULL != _pTheModelToDisplay) )
    {
        _p3DViewer ->AddRep((CAT3DRep * )_pTheModelToDisplay);
        _p3DViewer ->Draw();//绘制出来
    }
}
```

14.2 特征高亮显示

特征高亮在项目开发中还是比较常用的,尤其是面对复杂的装配环境时,可通过高亮显示
去引导设计人员进行操作,通过高亮显示查看效果等。高亮是一种用户反馈,可以提高软件的
使用。

如下代码,给定特征 spSpec,无论是零件、曲面、点还是整个装配体,均可以进行高亮显
示,同时,还可以捕获当前环境下的所有高亮特征,清醒清除操作,避免过往的高亮操作影响到
下一下操作。

```
HRESULT XXX::HighLightSpecObject (CATISpecObject_var spSpec, CATBoolean
```

```
boolClearHistory)
{
HRESULT rc = E_FAIL;
CATFrmEditor * pEditor = CATFrmEditor::GetCurrentEditor();
if(NULL == pEditor )
return rc;
CATHSO * pHSO = pEditor ->GetHSO();
if(NULL == pHSO )
return rc;
if(boolClearHistory)//为 1 时,清除所有已有的高亮
pHSO ->Empty();
CATPathElement pContext = pEditor ->GetUIActiveObject();
CATIBuildPath * piBuildPath = NULL;
rc = spSpec ->QueryInterface(IID_CATIBuildPath, (void * * )&piBuildPath);
if(SUCCEEDED(rc) && piBuildPath != NULL)
{
CATPathElement * pPathElement = NULL;
rc = piBuildPath ->ExtractPathElement(&pContext, &pPathElement);
if (pPathElement != NULL)
{
HSO ->AddElement(pPathElement);
pPathElement ->Release();
pPathElement = NULL;
}
piBuildPath ->Release();
piBuildPath = NULL;
}
return S_OK;
}
```

14.3　获取当前 DLL 的路径

很多程序的运行都需要依赖 DLL,因此,为了拓展程序的移植性,本节提供去获取执行当前 DLL 路径的方法,通过配置相对路径,可提高程序的移植性。而 dllPath 为 CATUnicode-String 类型是为获取的当前路径的位置。代码如下:

```
#if _MSC_VER >= 1300 // for VC 7.0
// fromATL 7.0 sources
#ifndef _delayimp_h
extern "C" IMAGE_DOS_HEADER __ImageBase;
#endif
#endif

HMODULE CurrentMD;
```

```
#if _MSC_VER < 1300 // earlier than. NET compiler (VC 6.0)
MEMORY_BASIC_INFORMATION mbi;
static int dummy;
VirtualQuery( &dummy, &mbi,sizeof(mbi) );
CurrentMD = reinterpret_cast<HMODULE>(mbi.AllocationBase);
#else // VC 7.0
CurrentMD = reinterpret_cast<HMODULE>(&__ImageBase);
#endif
TCHAR szModuleFileName[MAX_PATH];// 全路径名
GetModuleFileName(CurrentMD, szModuleFileName,MAX_PATH);
CATUnicodeString dllPath;
dllPath.BuildFromWChar(szModuleFileName);
```

14.4 调用 CATIA 自带的命令

在应用开发的功能后,有时需要快捷切换到 CATIA 自带的功能上。CATIA 给开发人员提供了调用自身命令的方法,然后在对应的响应函数里添加下面的源代码,调用代码如下:

```
HRESULT hr = E_FAIL;
CATCommand * pHeader = NULL;
//定制视图名命令
hr = ::CATAfrStartCommand("CATAfrCustomizeViewModeHdr",pHeader);
```

其中,CATAfrCustomizeViewModeHdr 就是 CATIA 自带的命令 ID,通过如下步骤,可以获知该 ID:

步骤 1 运行 CATIA|工具|自定义|命令 Tab 页|,找到 XCAA2 所属的"工作间呈示"加载,如图 14-1 所示。

步骤 2 进入要使用命令的所在环境,单击"工作间呈示"命令,弹出"工作间呈示"对话框,如图 14-2 所示

步骤 3 选择相应模块,在"目录"中输入保存的路径,如"D:\",单击"确定"按钮,然后到相应路径下找生成的文件("CATAfrGeneralWks. txt"),即可在其中找到命令 ID,如"CAT-AfrCustomizeViewModeHdr",为"定制视图"命令对应的 ID。

——CATAfrGeneralWks. txt 文件内容——

```
……
Title = 定制视图
Id = CATAfrCustomizeViewModeHdr
DLL = CATApplicationFrame
Cmd = CATFrmViewCmd
Arg = 1744293728
StateInitial = 1
StateCurrent = 1
……
```

图 14 - 1　工作间呈示

图 14 - 2　工作间模块

　　注意　这种办法会析构开发人员当前的命令,如果开发人员当前打开所开发的对话框,调用该命令后,对话框就会消失。

14.5　调用外部 EXE 执行

　　编者在进行项目开发中,利用 CATIA 基于 COM 读写 EXCEL 进行操作的任务,结果因为环境配置问题而止步,浪费了时间,耿耿于怀却无可奈何。

　　其实,面对一些功能独立的、与 CATIA 无关联的开发,可以定义接口,进行功能剥离,而采用调用外部 EXE 的方式依旧可以实现需要的功能。针对中间的接口定义,可采用 XML,TXT 文本的样式,作为中间文件进行数据传递。

```
FILE * fp;
```

```
fp = fopen(curPah + "code\\bin\\data.xml","w");// curPath 为当前路径
fprintf(fp1,"<? xml version = \"1.0\" encoding = \"utf - 8\" ? >
…
…
…
fclose(fp);
```

调用的方式如下:

```
//XXX 为外部 EXE 名称
ShellExecute(NULL, _T("open"), _T("XXX.exe"), NULL, NULL, SW_HIDE);
```

面对 XXX.exe 功能,主要步骤如下:

步骤 1 解析 XML,获取参数。解析参数读者可参考数据文档中的 XML 章节。

步骤 2 执行功能,将执行完成和失败的 Error 在执行完后,进行反馈。

在开发过程中,需要注意调用的 EXE 和 CATIA 开发的 DLL 目录保持相对,因此,在调用时不至于找不到 EXE 对象。

14.6　调用外部库

CATIA 给开发人员提供了一个开发环境,很多的设置均通过 Imakefile 配置,而不是借助 VS 项目中的属性配置。现如今开源库很丰富,借助其开发,可以快速迭代出一个功能或者产品。因此,本节提供在 Imakefile 进行设置外部库的方法,主要包括两个方面,一个是 Lib 库文件,一个是头文件。在 imakefile.mk 后面添加下述代码:

```
LOCAL_LDFLAGS = /LIBPATH:"C:\lib"      #lib 文件夹的路径
SYS_LIBS = xxxxxxx.lib yyyyyy.lib      #lib 的名称
LOCAL_CCFLAGS = /I"C:\include"         #头文件所在文件夹的路径
```

为了帮助读者加深理解和使用,本书引入实例进行阐述,并鉴于 POCO 库是一个不错的 C++开源库,且日志功能在一个程序中也扮演着重要的角色,因此,本书基于 POCO 库中的日志为范例进行性说明。

1. POCO 库的引入

POCO 库是基于现代的、标准的 ANSI C++编写,使用 C++ STL 库。模块化设计,极少的外部依赖,易于编译和使用。结合传统的面向对象与现代的 C++设计,代码易读,代码风格统一,以及相当全面的测试用例。而详细信息,可以参考 POCO 官方网站。如图 01 是 POCO 库概览,功能覆盖也属全面。

关于 POCO 库的编译,读者可参考网上资料;对于日志库,只需要编译 POCO 的 Foundation 库即可。完成编译后,有如下文件:PocoFoundation.dll、PocoFoundation.lib 和 POCO 头文件,在 CATIA 工程中调用 POCO 库 Module 中的 ImakeFile.mk 中加上如下代码:

```
LOCAL_LDFLAGS = /LIBPATH:"C:\lib"
SYS_LIBS = PocoFoundation.lib
LOCAL_CCFLAGS = /I"C:\include"
```

Lib 和头文件是程序运行时调用的,Dll 是程序运行时进行调用的,在程序运行和发布时,

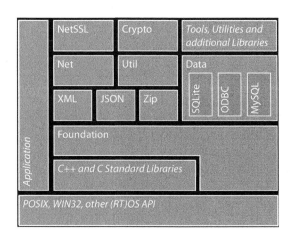

图 14-3　POCO 库概览

需要将 dll 文件复制到 winb_64 或 intel_a \code\bin 的文件下。

2. 程序日志实现

在软件开发过程中，为了定位软件运行过程中可能出现的错误，一种常用的做法是在潜在的错误位置设置防御代码，并且将错误代码执行后的错误信息记录下来，以为后续改进代码提供支持。

① 建立一个 PublicInterface 的 CAA Class，成为全局的类，以方便其他模块调用，假定类名为：CRecordLogger。

② 根据前节在该类所在的 Module 中添加 Lib 库和头文件配置。

③ 在 CRecordLogger. h 文件中填写下述代码：

```
//poco header file
# include "Poco/Logger. h"
# include "Poco/PatternFormatter. h"
# include "Poco/FormattingChannel. h"
# include "Poco/ConsoleChannel. h"
# include "Poco/FileChannel. h"
# include "Poco/Message. h"
//using namespace
using Poco::Logger;
using Poco::PatternFormatter;
using Poco::FormattingChannel;
using Poco::ConsoleChannel;
using Poco::FileChannel;
using Poco::Message;
```

在头文件中声明下述 5 个静态方法，其中有 4 个为日志等级方法。

```
static void StartLogger();
static void LoggerDebug(CATUnicodeString str);
static void LoggerError(CATUnicodeString str);
```

```
static void LoggerInformation(CATUnicodeString str);
static void LoggerWarning(CATUnicodeString str);
```

CRecordLogger.cpp 实现 5 个声明的方法：

```
void CRecordLogger::StartLogger()
{
FormattingChannel * pFCFile = new FormattingChannel(new PatternFormatter
("%Y-%m-%d %L%H:%M:%S.%c %N[%P]:%s:%q:%t"));
pFCFile->setChannel(new FileChannel
((UserDefineFunction::GetCurrentPath() + "\\Log.log").ConvertToChar()));
pFCFile->open();
Logger& fileLogger = Logger::create("Record", pFCFile,
Message::PRIO_TRACE);
Logger::get("Record").information("<-StartUp Program->");
}


void CRecordLogger::LoggerDebug(CATUnicodeString str)
{
    Poco::Logger::get("Record").debug(str.ConvertToChar());
    }
void CRecordLogger::LoggerError(CATUnicodeString str)
{
    Poco::Logger::get("Record").error(str.ConvertToChar());
    }
void CRecordLogger::LoggerInformation(CATUnicodeString str)
{
    Poco::Logger::get("Record").information(str.ConvertToChar());
    }
void CRecordLogger::LoggerWarning(CATUnicodeString str)
{
    Poco::Logger::get("Record").warning(str.ConvertToChar());
    }
```

程序调用的代码如下：

```
CRecordLogger::StartLogger();
…
…
if (获得许可)
{
    CRecordLogger::LoggerInformation("Get License Successfully");
    }
else
    {
    CRecordLogger::LoggerInformation("Get License Error ");
    }
```

运行后查看 Log.log 文件后，文本记录日志代码如下：

```
//log.log 文件内容
2016 - 09 - 24 16:33:37.5 Record[376]:Record:I: < - StartUp Program ->
2016 - 09 - 24 16:33:37.5 Record [376]:Record:I:Get License Error
2016 - 09 - 24 16:35:55.9 Record [376]:Record:I:Activate Program Successfully
2016 - 09 - 24 16:36:07.4 Record [3412]:Record:I: < - StartUp Program ->
2016 - 09 - 24 16:36:07.4 Record [3412]:Record:I:Get License Successfully
```

参考文献

［1］唐荣锡.计算机辅助飞机制造［M］.北京:航空工业出版社,1993:52-68.

［2］施法中.计算机辅助几何设计与非均匀有理 B 样条 (CAGD&NURBS)［M］.北京:高等教育出版社,2001:75-312.

［3］DASSULT SYSTEMS. CATIA V5 Documentation［CP/DK］. 2008,［2018-03-27］. Dassult Systems Version 5 Release 19.

［4］李明新.CATIA V5R21 中文版基础教程［M］.北京:人民邮电出版社,2013:22-354.

［5］Dassult Systems. CAA Encyclopedia［CP/DK］. 2008,［2018-03-27］. Dassult Systems Version 5 Release 19.

［6］Bai Du. poco［EB/OL］.［2018-03-27］. https://baike.baidu.com/item/poco/968707?fr=aladdin.

［7］Applied Informatics Software Engineering GmbH (Imprint). POCO C++ Librarys ［EB/OL］.［2018-03-27］. https://pocoproject.org.